$E = mc^2$

$R = \frac{V}{I}$

$V = IR$

$U = I \times R$

$I = \frac{V}{R}$

一次搞懂
量子通訊

神們自己——著

$E = mc^2$

為什麼我們該學黑科技？
因為未來屬於有好奇心的人

上課時，大部分物理系同學都竊竊私語：

「消耗這麼多珍貴的腦細胞學這些東西有什麼用？」

「量子力學有什麼用？」

「廣義相對論有什麼用？」

「薛丁格方程式、路徑積分和群論究竟有什麼用？」

那時，理論物理學還是一項難以描述的專業。

每當叔叔、阿姨、大伯、大嬸好奇地問我學什麼，老實回答後，總會出現一陣莫名的沉默。

短暫的寂靜後，會傳來一陣悲天憫人的聲音：

「學這個專業將來找什麼工作啊……」

十年前，同學們在寢室激辯「薛丁格的貓」，在教室聽教授吹噓量子電腦的浮誇功能，期末考前鬥志昂揚地準備小抄時……我們都以為像量子這種謎之科技，只能存在於象牙塔和實驗室中。

十年後，當我破天荒地轉到電視臺，看了一晚上的科普版

量子通訊 —— 我震驚了。

我從沒想到它這麼快就有用了！

二〇一六年八月十六日，「墨子號」 —— 一顆中國製造的量子通訊終端衛星，在全世界的眼皮底下衝出實驗室，飛向太空。

自從一九〇〇年，馬克斯・普朗克（Max Planck）發明「quantum」這個單字至今，量子終於從哲學辯論會的題材，變成魔法般的黑科技。基於量子糾纏，能造出比現在快一億倍的量子電腦；而超距作用和貝爾不等式，把量子糾纏變成加密通訊領域的終極武器。

真實的未來，總是比我們以為的精彩。

據說，如果人類沒有發明量子理論，就不會有今天引以為傲的半導體晶片和網際網路，全球三分之一的國內生產毛額（GDP，Gross Domestic Product）將不復存在。

而這三分之一的 GDP，大部分基於二十世紀三〇年代的理論框架，相當於大學物理本科二年級《量子力學（下）》的水準。

現在，「墨子號」量子通訊衛星飛上天了，五年後人人都會用無法破解的加密網路刷信用卡。再等到量子電腦投入量產，人工智慧在恐怖的哈希率（HashRate，又稱算力）加持下統治世界……到時候，可能全球九九・九九％的 GDP 都必須歸功於量子理論吧！

驚喜嗎？其實這些不過是運用二十世紀八〇年代的理論而已。

蓄勢待發的還有弦理論、重力波、蟲洞、量子隱形傳態……這些三十年前就被人紙上談兵的理論，變成真正改變世界的武器，將是怎樣的魔法時代啊……

我常想，這個看似司空見慣的尋常世界，其實是個巨大的謎團，宇宙、社會、代碼、商業究竟是如何運作的？

無論是仰望星空還是改變世界，真相永遠只有一個，而且總是出乎意料的簡單與殘酷。但是，只有在探索的路上才能贏得力量，收穫價值，發現意義。這樣，當我臨死回首往事時才不會說：「原來我終其一生，只是這個世界的 guest（訪客）用戶。」

這是我寫這本書的目的。

你不需要學過高等數學，只需要有好奇心。好奇心會讓你把這本書當作懸疑推理小說，全程無尿點地讀完一章，然後像追美劇般義無反顧地翻開下一章，時不時還發出看相聲段子時的會心一笑。

我不期待你看完這本書就能變身成民間物理學家，但期待未來的夢想家和技術宅能看到科技的全部潛力，解鎖宇宙的隱藏關卡。

一個被黑科技主宰的未來，一個「墨子號」、「AlphaGo」成為熱門新聞的未來，屬於有好奇心和想像力的人。誠如阿爾

伯特·愛因斯坦（Albert Einstein）所說，它們比知識更重要。當一個人與生俱來的好奇心漸漸喪失，他不是在長大，只是在變老。

或者，你可以繼續等待——就像在火車站自動售票機前躊躇的人，茫然無措地看著正在崛起的新時代，載著一群年輕而陌生的面孔，飛馳而去。

這是你的選擇。

目錄

CHAPTER

1

魔法時代

一百一十九年前的十二月十二日，位於加拿大紐芬蘭島的聖約翰斯港口。

　　那一天，如果有人路過這片荒涼的海岸，一定會被眼前的奇景驚訝到掉下巴：海灘的鐘樓上空，竟然翱翔著一只巨大的六邊形風箏。它迎著凜冽的海風一躍而起，在一百二十公尺的高空盤旋，驕傲地俯瞰一望無際的大西洋。

　　鐘樓裡，一個年輕人焦灼的目光正眺望著大洋彼岸的英格蘭。冬日的陽光冷冷地盯著鐘樓的指標，疲憊的波濤百無聊賴地拍打著礁石。他把電話聽筒緊緊貼在耳邊，直到手心攢出汗——但他什麼都沒聽見，除了自己在一片寂靜中無法抑制的心跳聲。也許，快了，就快到了……

　　他在等候一個遠道而來的客人。

　　三千七百公里外的英格蘭，一束掙脫天線重獲自由的電磁波正以光速衝破雲層，眼看就要飛向外太空，卻在六萬公尺的高空一頭撞上電離層，一個跟頭栽進大西洋。

　　從海裡爬起來一看，不知不覺已來到楓葉之國，本打算再繞著地球多溜達幾圈解悶，不料竟被一根裝在風箏上的天線俘獲，身不由己地沿著導線滑進聽筒，變成三聲微弱而堅定的「嘀、嘀、嘀」。

　　只用了〇‧〇一秒，就成為人類歷史上第一個橫跨大西洋的無線電訊號。

　　歷經六年研發，耗資數萬英鎊（相當於今天的四億三千萬

新臺幣），面對無數次挫敗和冷眼，年僅二十七歲的古列爾莫·馬可尼（Guglielmo Marconi）終於成功了，他用無線電改變世界！只發送了一個字母 S[1]。而且，實驗的大部分時間，這個 S 微弱到幾乎無法聽清楚。難怪很多專家對馬可尼的發明不屑一顧，甚至質疑能否稱之為發明 —— 畢竟，只能發出一個字的技術也算通訊嗎？

普通人的眼裡，那一天不過是報紙上一行「看起來很厲害，但卻不知道是什麼」的頭條，一則真假難辨的傳聞，一種距離現實遙遙無期的黑科技。

那一天，似乎什麼都沒有改變。

直到兩年後，英國《泰晤士報》正式使用無線電向美國發送每日新聞；

直到八年後，三十五歲的馬可尼憑藉無線通訊領域的發明獲得諾貝爾物理學獎；

直到十一年後，絕境中的鐵達尼號靠著無線電呼救，七百一十名乘客和船員獲救；

直到二十一年後，世界上第一個無線廣播電臺開始播音；

直到三十六年後，馬可尼病逝時，英倫三島所有無線電全體靜默兩分鐘，致敬這位為無線通訊事業奉獻一生的義大利奇男子。

明明可以靠臉吃飯，卻偏偏去搞無線通訊

　　包括馬可尼自己，當時沒有人能夠想像接下來的一百多年，通訊會把世界變成這樣：

人人都是低頭族

二〇一六年八月十六日，世界第一顆量子通訊衛星「墨子號」從中國的酒泉基地發射。

就像當年的馬可尼一樣，今天的我們無從想像，未來的量子通訊與量子計算，終將帶來一個怎樣的魔法時代。

絕對安全的資訊傳輸？秒破全世界加密系統的超級電腦？瞬移、穿越將不再是科幻？

二〇一六年八月十六日，潘建偉院士的量子通訊衛星飛上天了。

二〇一七年八月十日，「墨子號」完成三大科學實驗任務，實現星地間一千二百公里的超遠距離量子糾纏分發、量子密鑰分發、量子隱形傳態。

二〇一七年九月二十九日，連接北京、上海，全長二千多公里的量子通訊骨幹網路「京滬幹線」開通，與「墨子號」成功對接。

二〇一八年十一月十三日，武漢－合肥量子通訊網「武合幹線」開通；同年底，中國量子網路線路總長超過七千公里。

今天，已經有量子通訊手機和視訊會議系統，政府和銀行都用量子通訊傳輸加密資料，阿里巴巴已經把量子通訊搬到雲端。下一步，量子通訊的大規模商業化正蓄勢待發。也許不久後，人人都會用無法破解的加密網路「剁手」、聊天、看直播。難道，你還覺得量子理論是象牙塔裡的黑科技，和你的生活毫無關係？

讓我們先從神祕的量子理論開始，解密量子通訊。

這註定是一段不可思議的旅程。

任何足夠先進的科技，

初看都與魔法無異。

　　── 亞瑟‧克拉克（Arthur Charles Clarke）

如果你完全不懂量子力學，請放心大膽地往下看，我保證不用任何公式就能秒懂，連一加一等於二的幼兒園數學基礎都不需要。

如果你自以為懂量子力學，請放心大膽地往下看，保證看完會仰天長嘆：「什麼是量子力學啊?!」

正如量子力學兼撩妹大師理察‧費曼（Richard Feynman）的名言：「從前，據說世界上只有十二個人懂相對論 ── 我不信。也許曾經只有一個人懂相對論，但當人們看他的論文後，懂的人肯定不只十二個。然而另一方面，我可以有把握地說，沒有人懂量子力學。」[2]

換句話說，誰要是覺得自己徹底搞懂量子力學，那他肯定不是真懂。

在燒腦、反直覺和「毀人三觀」方面，恐怕沒有任何學科能和量子力學相比。如果把理工男最愛的大學比做霍格華茲魔法與巫術學院，唯一能與量子力學專業相提並論的只能是黑魔

法。

　　然而，量子理論之所以看上去如此神祕，不是因為物理學家故弄玄虛。其實，量子理論誕生之初的搖籃時期，它原本只是人畜無害的學科，專門研究電子、光子之類的小玩意兒。而「量子」這個現在看來很厲害的名詞，本意不過是指微觀世界中「一份一份」的不連續能量。

　　這一切都源於一次物理學的靈異事件……

注釋

1. 發送的是摩斯密碼中的三個點，代表字母 S。
2. 此處為作者譯文，原文見費曼所著《*The Character of Physical Law*》（中文版《物理之美：費曼與你談物理》）第六章。

　　二十世紀初，物理學家開始把重點放在其實已經糾結上百年的問題：

　　光，到底是波還是粒子？

　　所謂粒子，可以想像成一顆光滑的小球。每個粒子有確定的位置和速度，運動時直線前進，相撞時會按一定角度反彈。每當你打開手電筒，無數光子就像出膛的炮彈一樣，筆直地射向遠方。

　　很多著名科學家做過無數權威的實驗[1]，例如艾薩克・牛頓（Sir Isaac Newton）、愛因斯坦、普朗克、阿瑟・康普頓（Arthur Compton），確鑿無疑地證明光是一種粒子。

　　就拿讓愛因斯坦得諾貝爾物理學獎[2]的經典光學實驗「光電效應」來說吧！人們發現光照到金屬上，金屬表面居然會產生電流；更詭異的是，這種現象對光的強度完全無感，只與光的頻率[3]有關。如果頻率不夠，無論用多強的光照射金屬板，都不會發生光電效應；反之，只要光頻率剛越過一個門檻值，再微弱的光線都可以觸發光電效應，只不過產生的電流比較小。

今天看來，這是非常簡單的實驗，簡單到被寫進高中物理教科書，成為必考知識，當年卻讓眾多科學大佬一籌莫展。電子吸收光能，掙脫原子核的電磁力束縛，從而形成電流 —— 這部分很容易理解；但是，你怎麼解釋「頻率門檻」[4]的事情？按理說，更強的光可以提供電子更多能量，延長光照時間應該可以儲存足夠的能量形成電流，但這兩種預想中的場景在現實中偏偏從未發生。

如果把光看成一種波，一種連綿不絕、可以無限細分的能量，這個問題恐怕永遠無解。第一個想通的還是當之無愧的愛因斯坦大神：每個電子只能吸收一個光子的能量，一旦這個光子的能量（和頻率成正比）足夠逃脫原子核的囚籠，電子就能成功「越獄」，否則只能把這份能量物歸原主。更多光子（光強）和更長的照射時間對單個電子而言毫無意義，因為它不能儲存兩個光子。

既然光能分成一個、兩個的光子，自然只是粒子 —— 這種「異端邪說」立刻引爆學術界，因為在光電效應之前，已經有很多比當年二十六歲的愛因斯坦更著名的科學家，例如克里斯蒂安・惠更斯（Christiaan Huygens）、湯瑪士・楊格（Thomas Young）、詹姆士・克拉克・馬克士威（James Clerk Maxwell）、海因里希・赫茲（Heinrich Hertz）做了很多更權威的實驗，確鑿無疑地證明光是一種波 —— 電磁波。

波就像往河裡扔塊石頭，產生的水波紋一樣。如果把光看

作一種波，可以完美解釋干涉、繞射、偏振等經典光學現象。

　　既然有些專家認為光是粒子，有些堅信光是波，我們可以輕鬆得出結論：光既是波又是粒子。好的，本集內容到此結束，感謝您的閱讀，我們下集再見……

　　等等！我不反對和稀泥，可問題是，波和粒子在所有方面都截然不同啊！

　　例如：

　　一、粒子可分成一個一個的最小單位，單個粒子不可再分，而波是連續的能量分布，無所謂「一個波」或「兩個波」；

　　二、粒子是直線前進的，波卻能同時向四面八方發射；

　　三、粒子可以靜止在一個固定的位置上，波必須動態地在整個空間傳播。

　　波與粒子之間，存在著不可調和的矛盾。當兩道漣漪的波峰和波谷相遇時，一正一負正好抵銷，波紋交叉點的水面在一剎那間恢復了短暫的平靜 —— 這種現象水波有，聲波有，光波也有，但一堆撞球卻絕對模仿不來。「既波又粒」這種說法，就好像在說一個東西「既方又圓」、「既左又右」、「既黑又白」一樣，在科學家邏輯分明的世界裡根本無法成立。

　　於是自古以來，賽博坦星[5]上的科學家就分成兩派：波派和粒派，兩派之間勢均力敵的百年戰爭未分出勝負。

　　很多人問我：科學家為什麼要為這種事情勢不兩立？大家

擱置爭議、共同研究不就好了？

為了一個字[6]：信仰。

注釋

1. 這裡說的「實驗」不僅指物理實驗，還包括相應的理論研究。
2. 愛因斯坦獲得一九二一年諾貝爾物理學獎是因為用光量子理論解釋光電效應，不是因為相對論——至少官方說法如此。
3. 頻率與波長成反比，不同頻率的可見光會被視網膜識別為各種顏色，所以可以把光的頻率理解為光的顏色。例如，藍光的頻率比紅光高。
4. 術語稱為「極限頻率」。
5.《變形金剛》劇情設定中，變形金剛一族的母星。
6. 必須一個字，不是兩個字，因為信仰只能有一個！

　　說到信仰，我問你：《冰與火之歌：權力遊戲》中信奉七神的維斯特洛人民，為何偏要與信奉舊神的野人拚個你死我活？

　　古往今來，人類為了信仰爭端大開殺戒早已不足為奇。在這方面，西方唯一的和諧社會可能是古希臘：他們的神多達一百八十位，有些管天上，有些管地下，還有專管「啪啪啪」，各路神仙各司其職，井水不犯河水，人稱「希臘眾神[1]」。

　　要命的是，科學家信仰的神只有一個，而且是放之宇宙而皆準的全能大神。

　　這位神祇的名字叫「真理」。

　　大到宇宙誕生，小到原子運轉，科學家相信世界的萬事萬物都基於同一個規律，可以用同一個理論，甚至同一套方程解釋一切。

　　例如，讓蘋果掉下來把牛頓砸暈的是萬有引力，讓月亮懸在太空中掉不下來的也是萬有引力；用同一個方程，既能算出地球的質量，也能讓伊隆・馬斯克（Elon Musk）的火箭「獵鷹九號」飛上天，這就是科學的威力。

什麼？想要一個宇宙、兩種規律？對不起，別在科學界混了，您可以跳槽。

當然，科學界沒有誰敢自稱真理代言人，就連牛頓謙虛起來都是這樣：

「我只是在海灘撿貝殼的孩子，而真理的大海，我還沒有發現啊！」

就算是撿貝殼，撿多了說不定拼在一起就能窺見真理之神的全貌呢！

整個科學史就像集卡拼圖的過程，做實驗的人每發現一個科學現象，搞理論的人就絞盡腦汁推測背後的運行規律。不同領域的專家把各方面的知識、理論慢慢拼在一起，真理的圖像就漸漸清晰。

二十世紀初，光學的知識儲備和數學理論愈來愈完善，大家覺得這一塊的真相總算有希望拼湊出來 —— 結果卻發現波派和粒派的理論早已背道而馳，各自愈走愈遠。

好比集了一輩子卡片，自以為拼得差不多了，這時突然發現拼出的圖案居然和別人的完全不一樣，而且差得不是一點點。是不是有種把對方連人帶圖砸爛的衝動？

當時波派和粒派堅信自己手上的拼圖才是唯一正確的版本，雙方僵持不下，直到一九二四年，終於有人大徹大悟[2]：

波 or 粒，為什麼不能兩者都是？

也許某些時候，粒子看起來像波；其他時候，波看起來像

粒子。

　　波和粒子的性質如同陰陽般相生相剋，就像一枚硬幣的正反兩面（波粒二象性），只不過我們一直以來都在盲人摸象、各執一詞。

　　按照「波粒二象性」的理論，與其說光「既波又粒」，倒不如說既非波也非粒，只是恰好在某些時候表現出和我們刻板印象中的波／粒相同的行為而已。就像這個在不同方向上同時投影出方和圓的東西，它不是方形和圓形的混血兒，而是在二維世界生活已久的平面國居民曾經無法想像的新物種：圓柱體。

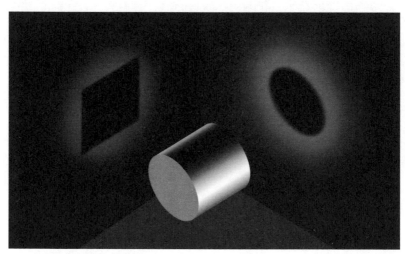

誰説方圓不能相容並蓄？

真理確實只有一個，但真理的表現形式會不會有多個版本？難道真理就是千面之神，用千變萬化的面目欺騙我們如此之久？果真如此的話，藏在面具背後的本尊是誰呢？

注釋

1. 阿波羅（Apollo）、雅典娜（Athena）、波塞冬（Poseidon）、繆斯（Muses）……這些名字是不是很耳熟？

2. 一九二四年，路易・德布羅意（Louis de Broglie）在博士論文《量子理論研究》正式提出波粒二象性理論，一九二九年獲得諾貝爾物理學獎。

是波、是粒，還是波粒二象？大家決定用一個簡單的實驗做了斷：雙縫實驗。

雙縫，顧名思義就是在一塊隔板上開兩條縫。用一個發射光子的機槍[1]對著雙縫掃射，從縫中透過去的光子打在後面的屏幕上，就會留下一個個小光點，代表每個光子的位置。

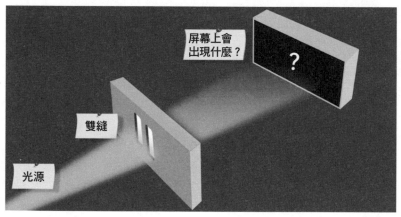

屏幕上會出現什麼？

?

雙縫

光源

雙縫實驗示意圖

記錄光點的方法很多，為了節省腦細胞，我們把螢幕看作老式膠片：當光子接觸螢幕時，被光子擊中的一小塊膠片瞬間

發生感光反應（曝光），這一點上的光點（影像）就被永久性地記錄下來。

　　拋開技術細節不談，只需要記住一個基本事實：螢幕記錄的光點代表已經發生的事實，不可能在實驗結束後發生變化，正如我們無法穿越到過去篡改歷史一樣。

　　實驗開始前，科學家的推測如下：

　　第一種可能：如果光子是純粒子，螢幕上將留下兩道槓。

　　光子像機槍發射的子彈筆直地從縫中穿過，屏幕上留下的一定是兩道槓，因為其他角度的光子都被隔板擋住了。

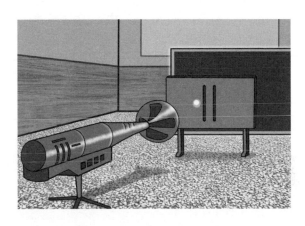

　　第二種可能：如果光子是純波，螢幕留下形同斑馬線的一道道條紋。

　　光子穿過縫時會形成兩個波源，兩道波各自振盪交會（干涉），波峰與波峰之間強度疊加，波峰與波谷之間正反抵銷，最終螢幕上會出現一道道複雜唯美的斑馬線（干涉條紋），與

水波的干涉現象如出一轍。

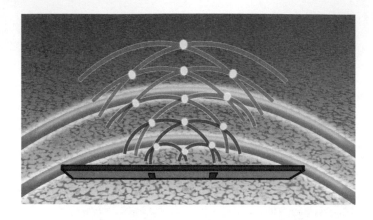

　　第三種可能：如果光子是波粒二象，螢幕圖案應該是以上
兩種圖形的雜交混合體。

　　總之：

　　　　兩道槓＝粒派勝

　　　　斑馬線＝波派勝

　　　　四不像＝平局

　　是波、是粒，還是二合一，看螢幕結果一目瞭然。無論實
驗結果如何，都在我們的預料之中。

第一次實驗

　　第一次實驗現在開始：把光子發射機對準雙縫發射。

　　結果：標準的斑馬線。

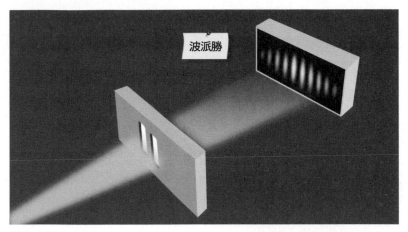
雙縫實驗示意圖

　　根據之前的分析，證明光是純波。好，實驗結束，波派獲
得意料之中的勝利，大家回家洗洗睡吧！

　　等等！粒派不服：明明知道光子是一個一個的粒子，我們
再做一次實驗，把光子一個一個發射出去，看看會怎麼樣，一
定會變成兩道槓。

第二次實驗

　　第二次實驗：把光子機槍切換成點射模式，確保每次只發
射一個光子。

　　順便說一句，控制光子機槍每次只發射一個光子真的是門
技術。要知道，隨手打開檯燈的瞬間，跑出來的光子數量就多

達一後面接二十多個零！

一百多年前的初代單光子雙縫實驗中[2]，開啟點射模式更是一個艱鉅的工程。首先要把光源強度降到極弱，然後用多層煙熏玻璃（俗稱土製墨鏡）過濾光源，確保在同等強度的光源下，一次最多只射出一個光子，而大部分情況下連一個光子都射不出來。所以，這架古董級光子機槍要醞釀很久才能來一發，實驗做一次得等上三個多月……

三個月後，結果終於出來了：斑馬線。

居然還是斑馬線？

怎麼可能?!

我們明明是一個一個把光子發射出去啊！

最令人震驚的是，一開始光子數量較少時，螢幕上的光點看上去一片雜亂無章，隨著積少成多，漸漸顯出斑馬線條紋。

10 個光子　　　200 個光子　　　6000 個光子　　　1.4×10^5 個光子[3]

光子如果真的是波，粒派也不得不服。但問題是：根據波動理論，斑馬線源於雙縫產生的兩個波源之間的干涉疊加；單個光子要嘛穿過左縫，要嘛穿過右縫，只穿過一條縫的光子到底是和誰發生干涉？隔壁縫的老王嗎？

難道……光子穿過雙縫時自動分裂成兩個？一個光子分裂成「左半光子」和「右半光子」，自己的左半邊和右半邊發生關係？

　　事情好像愈來愈複雜，乾脆一不做二不休，我們倒要親眼看看光子究竟是如何穿過縫的。

第三次實驗

　　第三次實驗：在螢幕前加裝兩個攝像頭，一邊一個左右排開。哪邊的攝像頭看到光子，就說明光子穿過哪條縫。同樣，還是以點射模式發射光子。

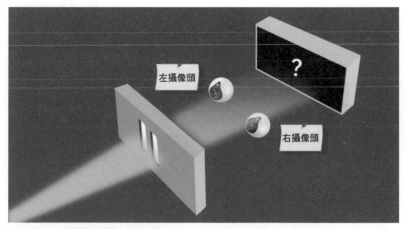

雙縫實驗示意圖

　　結果：每次不是左邊的攝像頭看到一個光子，就是右邊看

到一個。一個就是一個，既沒有發現兩邊同時冒出來兩個光子，也從沒見過哪個光子分裂成兩半的情況。

大家都鬆了一口氣，光子確實是一個個粒子，然而穿過雙縫時，不知怎麼就變形成波的形態，同時穿過兩條縫，形成干涉條紋。雖然詭異，不過據說這就是波粒二象性，具體細節以後再研究吧！這個實驗做得讓人要「精神分裂」了。

就在這時，真正詭異的事情發生了……

人們這才發現螢幕上的圖案不知什麼時候，悄悄變成兩道槓，原來的干涉條紋消失啦[4]！

沒用攝像頭看（實驗一、二），結果總是斑馬線，光子是波；用攝像頭看了（實驗三），結果就成為兩道槓，光子變成粒子。

實驗結果取決於有沒有看？光到底是波還是粒子，取決於有沒有看？

這不科學啊！做個物理實驗竟然見鬼了。

可以體會物理學家當時的心情嗎？

貌似簡單的小實驗做到這個程度上，波和粒子已經不重要了，重要的是現在全世界的科學家都傻住了。

　　這是有史以來的第一次，人類在科學實驗中正式遭遇靈異事件。

注釋

1. 光子機槍，即光子發射器。
2. 見傑弗里・泰勒（G. I. Taylor）於一九〇九年的論文《*Interference Fringes with Feeble Light*》。
3. 實際上，這是電子雙縫實驗的結果。作者之所以敢用電子實驗圖冒充光子，是因為各種不同實驗都表明微觀粒子普遍具備波粒二象性，用任何粒子做雙縫實驗都會出現等效的干涉條紋。
4. 指螢幕上此時顯示的圖案是兩道槓，和第二次實驗結果（斑馬線）不同，已經在螢幕上成像的圖案不可能再次變化。

Section *4*　觀察者的魔咒

　　什麼！你還沒看出靈異在哪裡？好吧！請先看懂以下這個例子：

　　電視正在播放足球比賽，一名球員起腳射門 ——

　　暫停 —— 來，我們預測這個球會不會進？

　　球迷看來進或不進，與射手是不是梅西（Lionel Messi）、C羅（Cristiano Ronaldo）有關，與對方門將的狀態有關，說不定與裁判有沒有收錢有關；科學家看來，有關的東西更多，例如球的受力，速度和方向，距離球門的距離，甚至風速、風向，草皮的摩擦力、球迷吼聲的分貝數等。不過，只要把這些因素事無鉅細地考慮到方程式計算，完全可以精確預測球在三秒後的狀態。

　　但無論是誰，大家都公認球進與不進，至少和一件事情絕對無關：

　　你家的電視。

　　無論你看什麼廠牌的電視，電視的螢幕大小、解析度高低、品質好壞，看球時是喝啤酒或啃炸雞，當然更無論你看不看電視轉播 —— 該進的球還是會進，該不進就是不進，哪怕你

氣得把電視機砸了都沒用。

你是不是覺得上面說的全是廢話？

仔細聽好：雙縫干涉的第三次實驗證明，其他條件完全相同的情況下，球進或不進，直接取決於射門的一瞬間，你看還是不看電視。

光子被機槍射向雙縫，好比足球被球員射向球門；用攝像頭觀測光子是否進縫、如何進法（進哪條縫），就好比用電視機看進球。無論多麼高科技的攝像頭，無非就是把現場圖像轉發到眼睛的設備，所以用攝像頭看光子進左縫或右縫，和用電視機看足球踢進球門的左側或右側，沒有本質區別。

第三次實驗與第二次的唯一區別就是實驗三開了攝像頭觀察光子的進縫路線（看電視），而實驗二沒放攝像頭（不看電視）──兩次的結局竟截然不同。

難道不看光子就是波，看了一眼就瞬間變成粒子？難道「光子是什麼」這一客觀事實，是由我們的主觀選擇（放不放攝像頭）決定？難道對事物的觀察方式，能夠改變事實本身？

這，就是觀察者的魔咒。

所有人傻住時，還是有極少數聰明人勇敢提出新理論：

光子，其實是一種智慧極高的外星 AI 機器人。之所以觀察會導致實驗結果不同，是因為光子在做實驗前就悄悄偵察過：如果發現前方有攝像頭，就變成粒子形態；如果發現只有螢幕，就變成波的形態。

這個理論讓我想起傳說中的「原子小金剛」——機器人阿童木同學。「阿童木」正是日語「アトム」的發音直譯，源於英語「atom」，意即「原子」。

難道阿童木真的存在？不過，一個「內褲外穿」的光子，是我平生最不能接受的事情……

究竟光子是不是阿童木轉世，請看第四次實驗。其實我在想，這種理論居然沒被口水噴死，還要做實驗去驗證，可見科學家們已經集體傻到什麼地步。

第四次實驗

第四次實驗：事先沒有攝像頭，算好光子穿過縫的時機，

穿過去後再以迅雷不及掩耳之勢加上攝像頭，拍下從哪條縫鑽過。或者反過來，實驗開始前先把攝像頭架在雙縫後面，等光子穿過縫後再立刻撤掉[1]。

結果：無論加攝像頭的速度多快，只要最後加上攝像頭，看清光子的來路，螢幕上一定是兩道槓；反之，如果一開始有攝像頭，哪怕在光子到達攝像頭前的最後一刻撤掉，螢幕上一定是斑馬線，就和從來沒有攝像頭的結果一樣。

回到看球賽的例子，好比開始十二碼罰球時，我先把電視關掉，抓準時間，等球員完成射門、球飛出去三秒後，突然打開電視，球一定不進，百試百靈。

衝出門買運彩前，不得不悄悄提醒你：這種魔咒般的黑科技，目前只能對微觀世界的基本粒子發揮作用。要用意念控制足球，量子還做不到啊！

既然一夜暴富的幻想破滅，不如和我一起研究量子吧……讓我們先冷靜一下，把這幾次愈來愈燒腦的實驗好好理一理。

加攝像頭意味著可以透過它觀察光子，從而確定究竟是從哪個縫穿過來；而撤掉攝像頭意味著放棄觀察、無法確定位置。最終螢幕上出現的是斑馬線或兩道槓，其實永遠只取決於一件事——到底有沒有中途偷看過光子、暴露它的行蹤。

也就是說，真正改變實驗結果的根本不是花式折騰攝像頭的操作，而是——你。

沒錯，就是你！你這個看似置身事外的觀察者，用自己的

觀察改變客觀現實。

別急著否認，仔細想想，更加細思恐極的事情還在後面。

我們剛才漏掉一個細節：加／不加攝像頭、觀察／不觀察，是在光子已經穿過雙縫後才決定的。不論光子穿縫時是變成波且通過雙縫，還是變成粒子走一條路，穿過後的光子是波或粒，肯定木已成舟。實驗結果是兩道槓還是斑馬線，顯然取決於光子穿縫時的形態（波或粒）；但既然是波或粒在觀察前就定型，為什麼「加攝像頭」這個馬後炮會決定性地改變實驗結果呢？

而且，加攝像頭的速度，技術上可以做到非常快（四十奈秒）。當光子靈機一動變成波的形態穿過雙縫，發現前方沒有攝像頭，本打算以斑馬線模式飛向螢幕，這時攝像頭出其不意地現身。就算光子真的是個狡猾的迷你版變形金剛，當它在最後一刻發現面前有攝像頭時，也來不及再次變身吧？為什麼無論怎樣提高切換攝像頭的速度，拍到的永遠是單個光子呢？

啊……我懂了，你的觀察不僅能改變「光子是什麼」的客觀現實，還能穿越到過去，去決定幾十奈秒前正在穿縫的光是波還是粒子！

也就是說，之後做出的人為選擇（未來），能夠改變之前已經發生的事實（歷史）？

「主觀決定客觀」、「未來改變歷史」、「外星人其實是無處不在的光子」……好端端一個實驗弄得謠言四起，物理學

家們紛紛感到幾百年來苦心經營的科學體系正在崩塌，與之一起崩塌的還有全人類的三觀。

　　量子魔法時代的大幕，正在徐徐拉開。

注釋

1. 等效於一九七八年約翰·惠勒（John Wheeler）提出的延遲選擇實驗。

CHAPTER

2

薛丁格的貓

為了一隻貓的死活，
四百年前的天才哲學家，
學歷最高的足球運動員，
風情萬種的量子力學教授……
他們在糾結什麼？

多數人為了逃避真正的思考，
願意做任何事情。
　　——王興／美團網創始人兼 CEO

而另一些人卻恰恰相反——
他們做任何事，都是為了糾結。
下面要說的就是另一些人的故事。

　　一九〇八年夏天，位於丹麥哥本哈根，一名足球運動員正在思考前程。二十三歲，是時候做個決定了。

　　「比我小兩歲的弟弟已經成為國家奧林匹克足球隊的中場核心，剛結束的倫敦奧運會，哈拉爾德・波耳（Harald Bohr）率丹麥隊以十七比一血洗法國隊，斬獲銀牌，創造『丹麥童話』，一夜之間成為家喻戶曉的球星。」

年齡：二十一歲　　**哈拉爾德・波耳**　　位置：中場

猜　猜　我　在　哪　？

國家隊名單怎麼可以沒有我？[1]

而我，做為丹麥最強俱樂部——AB哥本哈根隊的主力門將，居然從未入選國家隊，這簡直是一種恥辱！

　　教練說我什麼都好，唯一的弱點就是喜歡思考人生。

　　上次和德國米特韋達隊進行友誼賽，對手竟然趁我在門框上寫數學公式時，用一腳遠射偷襲，打斷我的思路。

　　不過，最後一刻還不是被我的閃電撲救解圍，要是後衛早點上去協防，那場踢完就可以交作業了。

　　成為世界最偉大的門將，還是成為世界最偉大的物理學家，這是一個問題，我需要再糾結一下。

愛足球，愛物理，更愛在踢球時研究物理題目。我不是什麼球星，也不是什麼學霸，我只是天才。二十六歲博士畢業，二十九歲當教授，三十七歲得諾貝爾物理學獎，比愛因斯坦早一年。我和你們不一樣，我是人生贏家，尼爾斯·波耳（Niels Bohr），簡稱NB，我為量子力學代言。

　　十四年後……

　　前面提過一百多年前，為了搞清楚光子究竟是波還是粒子，科學家們被貌似簡單的「雙縫干涉」實驗弄到集體「精神

分裂」。

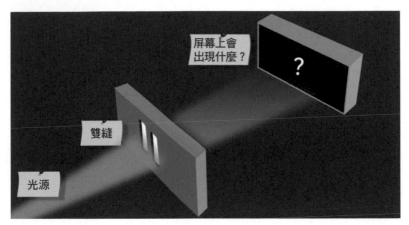

雙縫實驗示意圖

　　這個實驗明白無誤地說明，光子既可以是波，也可以是粒子。至於到底是什麼，取決於你的觀測姿勢。

　　裝攝像頭觀測光子的位置，就變成粒子；不裝攝像頭，就是波！

　　我們曾經天真地以為無論以什麼姿勢看電視轉播，都不可能影響球賽結果。可是在微觀世界中，這個天經地義的常識好像不成立。

　　這就是那麼多高智商理工男傻眼的原因。

　　但在尼爾斯‧波耳看來，將宏觀世界的經驗常識套用到微觀世界的科學研究上，純屬自尋煩惱。

　　透過常識，我們可以理解光滑小球的物理性質；但憑什麼

斷定組成這個小球的萬億個原子，一定有著和小球完全相同的性質？憑什麼微觀世界中的原子、電子、光子，一定要遵循和宏觀世界同樣的物理法則？

一般人糾結的問題無非是：量子世界的物理法則為什麼這麼奇怪啊……

只有真正的天才能夠直截了當地問出關鍵問題：

這些法則是什麼？

嚴格來說，量子理論是一群人，而不是一個人創立[2]。但如果一定要選出量子力學代言人，我覺得非波耳莫屬。

因為當別人還在糾結時，他第一個想通了。

如果認為物理學家的任務是發現自然是什麼，那就錯了。
物理學關心的是，我們關於自然能說什麼。

——尼爾斯‧波耳

透過前面的燒腦實驗，波耳總結量子世界的三大基本原則：

一、態疊加原理

量子世界裡，一切事物可以同時處於不同狀態（疊加態），各種可能性並存。

例如雙縫實驗中，一個光子可以同時處在左縫和右縫。

這種人類無法想像的疊加態，才是最普通不過的本質形態；而在我們看來「正常」的非黑即白，才是一種特例。

二、不確定性原理（測不準原理）

疊加態不可能精確測量，例如精確測出粒子的位置，但它的速度卻永遠測不準。

不是因為儀器精度不夠高，其實儀器再好都沒用。這個「不可能」是被宇宙規律所禁錮的「不可能」，而非「有可能但目前做不到」。

三、觀察者效應

雖然一切事物都是多種可能性的疊加，但我們永遠看不到一個既左且右、又黑又白的量子物體。只要進行觀測，必然看到一個確定無疑的結果。至於到底看到哪個態則是隨機的，機率高低取決於疊加態中哪個態的成分居多。

有了以上三大原理，實驗解釋起來就輕鬆多啦！

「雙縫干涉」實驗的官方解釋：

沒裝攝像頭：光子在未觀測的情況下處於「多種可能性並存」的疊加態，以五〇％機率同時通過左縫和右縫，形成干涉條紋。

裝上攝像頭：光子被觀測後只能處於一個態，不能神奇地

同時穿過雙縫，所以干涉條紋就消失了。

這就是目前量子力學教科書上的正統理論：哥本哈根詮釋。

終於，一切都有了答案。

真的嗎？

因為完美解釋雙縫干涉等靈異現象，波耳一夜成名、四面樹敵。小夥伴們紛紛表示：這個理論不僅反直覺、反人類，而且 bug（漏洞）很多。

例如，沒有觀測時，光子是混沌中的疊加態；觀測的瞬間，光子就變成單一的確定態。請問兩種態如何無縫切換？按照波耳的說法，觀測的一瞬間，光子就隨機蛻變成多種可能中的一種，還把這個過程取名叫「坍縮」。具體怎麼個坍法，波耳也說不清。

再例如，既然觸發「坍縮」的前提是「觀測」，誰能夠成為合格的觀察者呢？科學家？人類？外星人？一切生命體？還是包括人工智慧在內的任何智慧形態？

眾說紛紜之際，帶給波耳致命一擊的是一隻「貓」。

注釋

1. 一九〇八年丹麥國國家奧林匹克足球隊團體照，第二排右一為哈拉爾德・波耳。
2. 量子力學的主要創始人包括：普朗克、波耳、愛因斯坦、埃爾溫・薛丁格（Erwin Schrödinger）、維爾納・海森堡（Werner Heisenberg）、保羅・狄拉克（Paul Dirac）等。

薛丁格的貓

愛物理，愛養貓，更愛邊寫論文邊撩妹。高潮時，我想出了量子力學的第一個方程式。我是埃爾溫・薛丁格教授，請叫我薛老師。七十年閱妹人生的唯一遺憾，為什麼我的貓比我有名？

曾經有人看到上圖後羨慕地說：「薛老師真強，活成我們想要的樣子！」[1]

好吧！這裡還有一張專門用來勸退的圖：

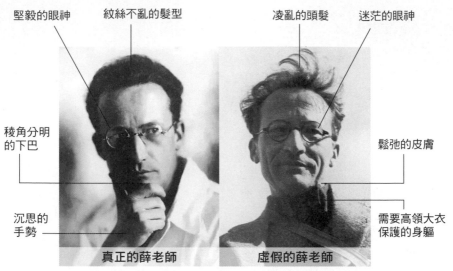

堅毅的眼神　　紋絲不亂的髮型　　　凌亂的頭髮　　迷茫的眼神

稜角分明
的下巴

鬆弛的皮膚

沉思的
手勢

需要高領大衣
保護的身軀

真正的薛老師　　　　　虛假的薛老師

研究量子二十年後，同一個薛老師從左圖變成右圖

===== 我是幽默感分割線 =====

　　一九二五年，正是薛老師親手寫下量子波動方程式「薛丁格方程式」，與矩陣力學、路徑積分一起被後人並稱為量子力學的三大基石。

　　十年後的一九三五年，對「哥本哈根詮釋」的群起而攻之，薛老師打響了第一炮。

　　宿命。

　　當時，幾乎所有人都覺得「疊加態」是純屬幻想的玩意，卻沒人能真正駁倒波耳和哥本哈根學派。

因為「態疊加」、「不確定性」、「觀察者」，無論這三大原理違和感多強，都被波耳視為量子世界不可挑戰的公理。

　　所謂公理就像「兩點之間有且只有一條直線」，或者牛頓運動定律一樣，是無法、無須證明的宇宙基本大法。波耳看來，物理學家的任務是透過現象看本質、根據實驗找規律，不是天天去 hashtag 上帝：「你憑什麼要把宇宙設計成這樣？」

　　真要問憑什麼，那麼，憑什麼微觀世界的宇宙法則，一定要和宏觀世界的生活經驗相符呢？如果宇宙真有制訂規則的「上帝」，憑什麼要把這套法則弄得通俗易懂，以至於銀河系五環外的一顆偏遠藍星上剛從樹上下來的裸猿都能輕鬆理解？

　　無懈可擊的波耳之盾，只有金槍不倒的薛丁格之矛能夠與之一戰，「薛丁格的貓」就是薛老師用來挑戰波耳的頭腦實驗。

　　把一隻貓關在封閉的箱子裡，和貓同處一室的還有自動化裝置，內含一個放射性原子。

　　如果原子核衰變，會激發 α 射線→射線觸發開關→開關啟動錘子→錘子落下→打破毒藥瓶，於是貓當場斃命。

以下實驗純屬想像＋推理，沒有任何無辜的貓因此受害

　　這個邪惡的連環機關中，貓的死活直接取決於原子是否衰變；然而，具體什麼時候衰變是無法精確預測的隨機事件。只要不打開盒子看，我們永遠無法確定，貓此時此刻到底是死是活。

　　刑具準備完畢，現在，薛老師對波耳的拷問開始：

一、原子啊，衰變啊，射線啊，這些都屬於你們整天研究的「微觀世界」，自然符合量子三大定律，對不對？

二、按照波耳的說法，沒打開盒子觀測前，這個原子處於「衰變」＋「沒衰變」的疊加態，對不對？

三、既然貓的死活取決於原子是否衰變，原子處於「衰／不衰」的疊加態，是不是意味著貓處在「死／沒死」的疊加態？

原子衰變＝死貓

原子沒衰變＝活貓

疊加態原子＝疊加態的貓

　　所以，按照哥本哈根詮釋，箱中之貓是不死不活、又死又活的混沌之貓，直到開箱那一刻才瞬間「坍縮」成一隻死貓或活貓？

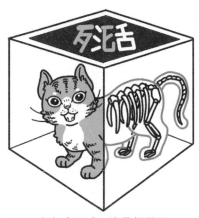

生存或毀滅，這是個問題

　　薛老師的邏輯其實就是反證法：以子之矛，攻子之盾。先假裝你完全正確，然後順著你的說法推理，直到推出荒謬透頂的結論 —— 那只能說明你從一開始就錯了！

　　至於為什麼要放進一隻貓，這又是薛老師的高明之處。

　　以前大家研究原子、光子，總覺得那是與日常完全不同的另一個世界。無論量子世界多麼玄幻，我們總可以安慰自己

說：「微觀世界的規律，不一定適用於宏觀物體。科學家做完『精神分裂』的實驗，就能回歸正常生活。」

現在，薛老師把微觀的粒子和宏觀的貓綁在一起，要嘛承認疊加態都是幻想，要嘛承認貓是不死不活的疊加態 —— 別糾結，二選一。

連三歲小孩都知道，如果打開箱子看到死貓，說明貓早就死了，不是開箱瞬間才死的 —— 只不過牠被毒死時，你裝作沒聽到慘叫聲而已。

別跑啊！波耳，還有幾句話好好聊聊。

你的理論告訴我們，貓被觀測前是不死不活；如果把你關進一個密室，你不也變成不死不活了嗎？

或者，密室中的你看來，全世界的人都是不死不活的殭屍態？

還是說，地球和太陽是否存在，都變成不確定了？

薛老師的貓，本意是想讓波耳下不了臺；萬萬沒想到，結果卻引發唯心、唯物主義的大辯論。哲學家們突然發現，終於有機會以專家的身分，來對科學界說三道四了。

注釋

1. 如欲了解薛丁格教授豐富多彩的情感生活，請自行查閱人物傳記和相關資料，此處不便多說。

Section 3　我思故我在

　　四百年前，一個法國大叔的思考，奠定了唯心主義哲學的核心思想。

　　假設世間一切都是幻覺。

　　所謂人生，也許只是我們的大腦在《駭客任務》的 AI 裡作的夢，說不定身體正插滿管子泡在培養皿中。

　　問題來了：既然一切都可能是幻覺，世上還有沒有絕對不可能是幻覺的東西呢？

　　有。

　　唯一不可能是幻覺的，只有「我們正在幻想世界是不是幻覺」這件事。

　　我在思考，至少說明我還是個東西。

誰發明直角坐標系和解析幾何？誰發明光的折射和動量守恆定律？誰第一個解釋星系的起源？誰建立整套科學方法論？我不是什麼物理大師，我是數學＋物理學家——勒內・笛卡兒（Rene Descartes），我只是說過一句話，你們自己幻想：我思故我在。

其實，唯心主義不是「我想要什麼就有什麼」、「我相信什麼存在就存在」，而是「只有我的意識（心）無可置疑，世界卻可能是幻覺」。所以，如果你認真看唯心主義哲學大師的著作，會發現非但不扯，反而邏輯嚴密得令人髮指。

　　而唯物主義者的觀點則是「我在故我思」：世界肯定不是幻覺，不過每個人都把自己版本的幻覺當作客觀世界的真相。但是，只要我們持續發展先進生產力，終有一天可以破除幻覺、逼近真相。

　　到底哪一個世界觀才對呢？

　　由於唯物主義者無法證明這個世界一定不可能是《駭客任務》，而唯心主義者拿不出這個世界一定就是《駭客任務》的確鑿證據，所以誰都無法說服對方。

　　直到唯心主義者們聽說量子力學。

　　你知道嗎？主張「心外無物」的明代哲學家王陽明，早在五百年前就發明了量子力學。

　　王大師的另一句名言「知行合一」，啟發了四百年後的一位粉絲：陶行知。

　　傳說，王陽明與友人同遊南鎮，友人問：

　　「天下無心外之物，如此花樹，在深山中自開自落，於我心亦何相關？」

　　先生答曰：

　　「你未看此花時，此花與汝心同歸於寂，你來看此花時，

則此花顏色一時明白起來，便知此花不在你的心外。」

唯心所現，唯識所變。未看此花時，花的存在是不確定的疊加態；起心動念的瞬間，花才會從不確定態坍縮為確定態，你觀察的世界因此呈現。意識與物質互為因果，無法割裂。量子力學的「觀測導致坍縮」，就是唯心主義的鐵證！

然而，很多人至今都不知道，「意識決定觀測結果」這個名聲在外的量子黑科技，其實是道聽塗說導致的誤會。

回到雙縫干涉實驗，如果科學家故意不觀測實驗結果，而是用機器自動記錄，去掉人類的「意識」干擾後，量子態是不是就不會坍縮？

再例如，做實驗時突然飛過一隻蒼蠅，在牠六千個複眼[1]的注視下，光子的疊加態會因此坍縮嗎（你以為蒼蠅沒有意識嗎）？

結果，根本沒有任何影響！

螢幕結果是代表波動的斑馬線，還是代表粒子的兩道槓，只與實驗儀器的設置有關，和誰來觀測、是否觀測、觀測結果有沒有記錄下來無關。只要實驗中沒有裝攝像頭監控光子到底穿了哪條縫，哪怕有一億雙眼睛盯著，看見的仍然是未坍縮的疊加態光子產生的干涉條紋。

現在看來，比波耳那句「毀人不倦」的「觀察導致坍縮」更準確的表述是：

只要微觀粒子處於「可以被精確測量」的環境下，就會自

動坍縮，不需要等待「觀察者」就位。

所以歸根究柢，量子實驗仍然是不以主觀意志為轉移。只不過，我們無法精確測量，只能用機率分布計算客觀世界。

我可以自豪地告訴你：我從來沒信過《駭客任務》之類的唯心主義鬼話！

如果世界真是個矩陣（matrix），為什麼我不能像基努‧李維（Keanu Reeves）一樣，上天入地、徒手擋子彈、單挑黑衣人軍團、不內褲外穿也能裝超人、時不時有撩妹福利、寧願在 VR 餐廳裡混，不在現實的茅草屋裡笑，為什麼我連用意念掰彎一把勺子都做不到？

你們說他有主角光環，那好，看看這個被一巴掌拍死的叛徒，為什麼每天在《駭客任務》的飯店裡戴著鏈子吃法式料理？

對於努哥、墨菲斯、崔妮蒂等利用系統 bug 蓄意製造混亂的反社會武裝分子，《駭客任務》非但沒有一個重啟把他們統統封殺，反而單獨開一個叫「錫安」的副本，讓這些欲求不滿的硬核（hardcore）用戶在壯烈的錫安保衛戰中圓了自己的英雄夢。

這是什麼精神？就是用戶體驗至上的精神！

最令我震驚的是，像這樣一款以用戶為上帝的 VR 沉浸式線上遊戲，居然還是永久免費！

不需要使用者花錢買裝備卻天天有福利，不需要「碼農」

加班改 bug 卻從來不藍屏，不需要投資人燒錢卻持續運營幾百年──連伺服器電費都不收，就能讓全世界每個人躺著玩一輩子，臨終捐贈遺體發個電就算兩清 ?!

良心之作啊！

那麼，對於每天在現實生活中苦悶的你我來說，有誰享受過這種體驗嗎？

沒有……

這就是為什麼我至今都是堅定的唯物主義者。

注釋

1. 準確地說，應該是兩隻複眼內的六千個小眼。

Section *4*   命運之眼

　　如果人的意念不能改變量子世界，為什麼觀察還能影響實驗結果呢？

　　為什麼只要一裝上攝像頭，螢幕上的斑馬線就變成兩道槓呢？這是連最堅定的唯物主義者都無法否認的事實啊！

　　既然光子不是被我的意識影響，究竟是被誰影響了，以至於從波被迫坍縮成粒子態？

　　難道是……攝像頭？

　　談論「攝像頭」時，我們其實是在談論一種普遍意義上的探測器：它和被觀測物體發生某種接觸，獲取物體的資訊，卻不破壞物體本身。

　　例如，當你在烏漆墨黑的夜晚打開手電筒，手電筒和眼睛就形成一個天然的探測器：手電筒發出的光打在前方物體的表面，反射後進入你的視網膜，視網膜上的光點轉換成電訊號沿著視神經傳送，最終交給大腦神經網路做圖像識別——所以你不會走夜路時一頭撞到樹。當然，我們不用擔心那棵樹，它不會被你的手電筒或眼神殺死。

　　不過在微觀世界，我們無法理所當然地認為，觀察設備不

會對被觀測的物體造成影響。因為，那個被觀測的物體實在太小了！

　　如果用手電筒的強光照射乒乓球，雖然每秒鐘噴射出的光子數量是天文數字，如此猛烈的炮火無法讓輕盈的乒乓球轉動分毫——微觀世界的光子撲向宏觀世界的乒乓球，就像飛蛾撲向太陽一樣不自量力。但如果把乒乓球換成是它體積 10^{-17} 的電子，肯定會破壞電子原本的運動軌跡。就算盡可能減少探測器的影響，例如把手電筒的亮度調小，小到只發射一個光子，電子也會遭到不可忽略的打擊；說不定就讓本來只想乖乖做個波的電子受到刺激，從此立志成為一枚粒子。

　　我知道了，一定是攝像頭影響光子，攝像頭和光子之間的相互作用導致量子疊加態坍縮！

　　真實的「單電子雙縫干涉」實驗[1]中（等效於前述第二、三次實驗），用「調低亮度」的方法減少探測器對電子的干擾後，出現和上述推測相符的結果。基於「觀測干擾實驗」的思路很容易理解：隨著光線逐漸變弱，愈來愈多的電子壓根沒遇到探測器發出的光子，它們完好無損的疊加態發生波的干涉，形成螢幕上的斑馬線條紋；而那些正巧被探測器光子逮個正著的電子在外界干擾下坍縮，形成粒子特有的兩道槓。

　　其實，螢幕上的條紋既不是純粹的斑馬線，也不是純粹的兩道槓，永遠是二者的疊加混合體：探測器的干擾愈強，條紋愈像兩道槓；探測器的光照愈弱、干擾愈小，條紋愈像斑馬

線。要是乾脆關閉探測器，徹底消除外界觀察對實驗的影響──等於沒有觀測，和沒安探測器的普通雙縫干涉實驗完全一樣。

把「坍縮」歸咎於觀測造成的不可避免的「擾動」，似乎可以讓我們從混沌燒腦的量子世界中全身而退，再次回到宏觀世界的光天化日之下。只是，這片晴朗的天空中，似乎飄著兩朵烏雲……

第一，只要不涉及單光子、單電子這類對儀器精度要求極高的實驗，傳統「光的干涉」實驗是小學生就能實踐的，不需要無塵、無菌，不需要抽真空，不需要昂貴的儀器。

一束陽光從窗口射進黑暗的屋子裡，拿塊硬紙板用手摳出兩道縫，都能看到牆上的斑馬線[2]。

我的意思是：既然微觀粒子如此嬌嫩，一顆小小的光子都能把它撞得改變性別，一枚攝像頭的注視就能決定它的命運，為什麼在這麼糟糕的實驗環境裡，波的干涉現象卻沒有受到絲毫影響？要知道，空氣中到處飄浮著你的唾沫星子、PM2.5、蟎蟲、細菌、病毒……在微觀粒子面前，哪一個不是星球般大小的龐然巨物，這麼大的「干擾」為何從來沒把干涉條紋擾亂成兩道槓呢？

第二，前述第四次實驗「延遲選擇」中，觀測（在縫後放置探測器，確定光子從哪條縫穿過）發生在光子已經通過雙縫之後。至少我們可以肯定地說，光子穿縫時那個決定命運的時

刻，它沒有受到任何儀器干擾，難道是未來還沒發生的觀測干擾光子穿縫時的歷史嗎？

觀察者的魔咒，波函數的坍縮，真的是因為觀測帶來的隨機碰撞、干擾嗎？

很遺憾，這個說起來通俗易懂、聽上去還很有道理的解釋，將在十分鐘後被親手拋棄。

再一次準備好你的腦細胞吧──量子世界的規則，從來不是為了方便人類的理解而制定的。

注釋

1. 一九六一年的克勞斯・榮松（Claus Jönsson）、一九七四年的皮爾・梅利（Pier Merli）、一九八八年的漢內斯・利希特（Hannes Lichte）、一九八九年的外村彰等分別完成一系列電子雙縫干涉實驗。

2. 準確地說，因為陽光不是相干光，必須經過單縫繞射後得到相干光源，才能在雙縫干涉實驗中形成干涉條紋。另外，用手摳雙縫還是有一定難度，建議手不靈活的人直接使用刀片。

　　所有量子實驗都指向同一個事實：觀察改變了實驗結果。

　　但如果把「觀察」再抽絲剝繭一番，問題仍然迷霧重重：究竟是「觀察」中的什麼部分，真正發揮影響微觀世界的作用？

　　意識？智能？生命？

　　這些都可以先排除，把做實驗的人換成機器，沒有任何區別。就算打造全自動實驗室，機器人動手把實驗做完，報告傳給你看，實驗結果完全相同。

　　那麼，隨便什麼「觀察」都一樣嗎？一群吃瓜群眾站在實驗室裡用肉眼圍觀，能把波函數逼得坍縮嗎？

　　不能，必須是精確的儀器才管用，精確到能一〇〇％斷定光子到底穿過哪條縫。

　　看來，能對量子世界發揮作用的觀察，和我們日常語境中常說的觀察，並不是一回事。那麼量子世界的「觀察」究竟是指什麼呢？

　　到目前為止，根據已知的實驗結論，可以對這種「觀察」做如下定義：

用儀器對微觀物體造成一定程度的干擾，從而精確獲取其訊息。

到了這一步，我們似乎有充足的理由可以說，是觀察中的「干擾」造成坍縮。

這是一個人氣很高的答案，只有一個缺點：

它並不正確。

第五次實驗

一九九二年的「量子擦除[1]」實驗[2]中，科學家把被前輩們炒過無數次冷飯的光子雙縫干涉實驗玩出新花樣。還是熟悉的味道，只不過在每條縫前加了一道新配方：標記器。

標記器的作用就是守在縫口，在每個光子穿過縫前先做標記。例如，可以在通過左縫的光子寫個「左」字[3]，通過右縫的光子都寫上「右」字[4]。等光子打到螢幕後，再根據這個標記區分光子的來路：頭上寫「左」的肯定來自左縫，頭上寫「右」的自然來自右縫。這樣，我們不需要安裝攝像頭或探測器，同樣可以知道每個光子經過哪條縫。

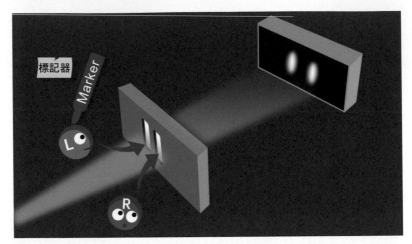

量子擦除實驗示意圖

　　實驗結果——都看到這裡了，早已被量子虐得死去活來的你，大概閉著眼睛都能猜到結果吧？

　　沒錯，打開標記器，螢幕上的條紋變成兩道槓（干涉消失）；關閉標記器，螢幕上出現斑馬線（干涉發生），和加／不加攝像頭的那些實驗沒有任何本質區別。雖然用了標記器這種黑科技，但到目前為止，這盤冷飯實在是炒得一點新意都沒有。

　　別著急，好戲還在後頭。你有沒有想過，科學家為什麼放著好端端的攝像頭不用，非要換成標記器呢？

　　因為標記器和攝像頭的最大區別在於：攝像頭看了就是看了，不可能看過以後再假裝沒看；而標記器既可以在光子上寫字，也可以把寫上的字擦掉。

這就是「量子擦除」系列實驗的最大創意：為「觀察」加上一個撤銷鍵。

如果光子通過縫後，再加一步操作把它的標記擦掉；或者統一寫上新的標記，把之前的舊標記覆蓋掉，例如在所有光子（不管從哪個縫過來的）上寫「你猜」——總之，只要有辦法將全部光子再次變成無法區分來路的狀態，就能把你曾經試圖跟蹤光子路徑這件事一筆勾銷。

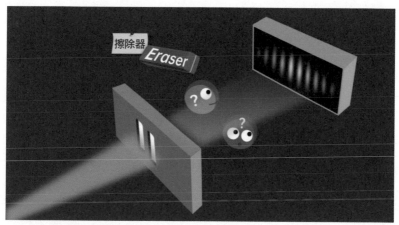

量子擦除實驗示意圖

記得〈阿里巴巴和四十大盜〉的故事嗎？大盜們發現阿里巴巴去過他們的基地，於是派人跟蹤到他家，在他家門上做記號，準備晚上過來把他做掉。結果等到晚上，大盜們行動時一看，發現這個社區的所有門上都出現相同記號，於是第二天，四十大盜變成三十九大盜[5]。

如果還是用「觀測干擾實驗」的老思路，同時加上標記器和擦除器後，相當於前後共干擾兩次。既然干擾一次（只加標記器）就能把干涉條紋破壞掉，那麼干擾兩次，條紋豈不是被干擾得連光子的媽媽都不認識了嗎？

　　可是標記加擦除後，螢幕上真實的實驗結果卻是不折不扣的斑馬線，而且完好如新，就像從來沒有標記器和擦除器一樣。

　　你別告訴我，這是前後兩次干擾之間「負負得正」的效果。否則你必須解釋清楚：微觀粒子之間的隨機亂撞，究竟是怎麼做到在兩次不同的干擾之間精確抵銷。

　　讓我們回到之前的分析。此前，對於是「觀察」中的什麼成分影響量子世界，我們已經排除意識、智慧等無關因素，把範圍縮小：

　　用儀器對微觀物體造成一定程度的干擾，從而精確獲取訊息。

　　現在，經過「量子擦除」實驗對大腦的洗禮，我們不得不把「干擾」這個長得很像壞人的角色，從嫌疑人名單上畫掉。

　　難道凶手是……

　　?!

　　名偵探柯南教導我們，除去所有不可能後，剩下的即使再不可思議，必然是唯一真相[6]。

　　~~用儀器對微觀物體造成一定程度的干擾，從而精確獲取訊~~

息。

是的——觀察影響量子世界的真正原因，不是意識或智能，不是觀察造成的干擾，而是我們精確獲取光子的路徑訊息。

面對五花八門的量子實驗，只要牢牢記住以下三點，就能預測干涉會不會發生，螢幕上會不會出現斑馬線：

第一，觀測導致坍縮；

第二，只有能精確獲知路徑資訊的觀測才算觀測；

第三，記住第一和第二。

換句話說，干涉條紋和路徑資訊如魚和熊掌般不可兼得，永遠不可能看到干涉條紋的同時，知道光子走過哪條縫。「量子擦除」實驗中，先標記、再撤銷的做法，任誰都不可能從中了解光子的路徑，相當於從來沒有發生過觀測。

量子世界的宇宙規則，法網恢恢，疏而不漏。就算你在中間折騰出千萬種出其不意的操作，只要最終沒有洩漏天機、暴露光子的行蹤，它就既往不咎，當作什麼事都沒發生。

類似的實驗還有很多，從實驗原理、儀器到觀測的微觀粒子種類都各有不同。但無論科學家們搞出多少奇思妙想的實驗，就是做不到一邊保持干涉，一邊獲知光子的路徑。在量子世界這道天然的防火牆面前，大家抱著不撞南牆不回頭的決心一次次嘗試，得到的永遠是冷冰冰的答案：

FORBIDDEN
403
你知道的太多了
You know too much

科學家們放棄了嗎？

呵呵……

他們非但沒有放棄，反而設計出全新的實驗，一個集前輩之大成、堪稱史上最變態版本的雙縫干涉實驗！

注釋

1.「量子擦除」的概念最早由馬蘭・史庫理（Marlan O. Scully）和凱・德魯（Kai Drühl）於一九八二年提出。

2. 見〈Observation of a quantum eraser: A revival of coherence in a two-photon interference experiment〉，發表於一九九二年一月的期刊《Physical Review A》。

3. 此處為等效類比，現實中當然無法在光子上寫字。實驗中加標記的方法，是用半波片把經過一條縫的所有光子的偏振方向旋轉一個相同的角度。

4. 其實只需標記其中一條縫的光子就足以區分。

5. 做記號的大盜不幸被其他三十九個大盜聯手做掉了。

6. 比柯南更早說這句話的，是柯南・道爾（Arthur Conan Doyle）筆下的夏洛克・福爾摩斯（Sherlock Holmes）。

Section 6 回到未來

　　一九七九年，紀念愛因斯坦一百週年誕辰學術研討會上，波耳的門徒、愛因斯坦的親密戰友、第一位參與製造原子彈的美國人、第一個說出「黑洞」（Black Hole）這個詞的人，哥本哈根學派最後的守望者──約翰·惠勒（John Wheeler）[1]，再次令全世界腦洞大開。

　　這個讓《史上最燒腦實驗：雙縫干涉》續訂第二季的點子叫「惠勒延遲選擇實驗」。

　　前述第四次實驗，就是「延遲選擇」版本的雙縫干涉實驗。先不放攝像頭，等到光子穿過縫後再用攝像頭觀測它的來路，實驗結果和普通版本（實驗二、三）相比沒有任何區別。只要看清光子的來路，干涉條紋就會消失。

　　雖然現在可以用「干涉條紋和路徑資訊不可兼得」的口訣輕鬆解釋實驗現象，但沒有打消人們心裡縈繞已久的困惑：觀測光子的時間晚於光子穿縫的時間，未來做出的觀察，怎麼可能對過去已經發生的穿縫事件產生影響呢？

　　而且，如果說這個實驗證明「未來影響過去」，也無法讓所有人心服口服。有人認為，所謂「未來影響過去」的結

論，其實不過是傳統思維下的誤區，用量子思維來看根本不成立。

人類對量子世界還一無所知的時代，他們先認為光子不是粒子就是波，然後又發現光子居然能夠在波粒之間切換形態，有攝像頭時就會變成粒子。當然，他們那時還不知道「觀察導致坍縮」，所以只得出荒謬透頂的結論：光子穿縫時會先偵察一番，根據前方有沒有攝像頭，決定變成什麼形態穿過縫。他們以為是雙縫決定光子變成波或粒，穿過縫後就不會改變。

然而，延遲選擇實驗讓他們遇到無法解釋的 bug：光子穿縫時一看沒有攝像頭，決定變成波；然後攝像頭突然出現，被逮個正著的光子應該是波才對，為什麼實際上觀測到的都是粒子呢？

沒辦法，為了將這個荒誕的解釋圓下去，他們只能用第二個更荒誕的故事來彌補：光子不僅有偵察敵情的本領，還有時間倒流的超能力；回到過去穿縫的那一刻，改裝成粒子重新出發。這就是很多自媒體上「詭異的量子實驗：未來真的能決定過去嗎？」之類標題的來源。

而用哥本哈根詮釋來看延遲選擇實驗則非常簡單：不觀測時，光子的疊加態機率波同時通過雙縫，所以形成干涉條紋；觀測時，光子的機率波坍縮，疊加態變成單一的確定態，所以看到的一定是粒子。當你用右邊的攝像頭看到光子時，不代表它曾以粒子的形態穿過右縫 —— 不管有沒有攝像頭，光子的機

率波始終同時通過雙縫，只不過在你打開攝像頭的一瞬間剛好栽到你手上而已。

用波耳的話說：「任何一種基本量子現象，只有在被記錄後才是一種現象。」也就是說，被觀測前，光子不是個東西。若要問光子被觀測前到底在哪裡（左縫？右縫？），到底是什麼（波？粒子？）──不能說，不能說，一說就是錯！波耳看來，這是沒有意義的問題，物理學無權談論，甚至不是一種能夠被研究的「客觀現實」。

不管你是否相信波耳禪宗式的解釋，要證明量子世界裡可以時光倒流、改變過去，還得拿出更嚴格的證據才行。

那麼，什麼樣的實驗結果能讓所有人相信「未來可以改變過去」呢？

我想起一部二十世紀八○年代的愛情倫理動作片《回到未來》。男主角穿越到過去，竟然使年輕時代的母親愛上自己。一個髮型很像愛因斯坦的博士告訴他：「如果你媽沒和你爸在一起，你在歷史上就從未出生過，現在的你就會憑空消失啦！」男主角將信將疑地掏出一張穿越前帶過來的家庭照，驚恐地發現，照片上的自己正在變模糊。被嚇得不輕的男主角只得想方設法助攻老爸追回老媽，最後沒有改變歷史，保住自己的小命。

要是能做到這種效果：沒觀測時，螢幕上出現斑馬線；你把斑馬線拍個照，寫進實驗報告；這時打開攝像頭的開關，

發現實驗報告上那張斑馬線照片居然變成兩道槓 —— 這才叫「真‧未來改變過去」好嗎？

唯一的問題是，真的有可能做出這種實驗嗎？

這就是接下來要告訴你的，史上最變態的雙縫干涉實驗：延遲選擇量子擦除實驗。

第六次實驗

不得不佩服設計這個實驗的科學家，他們竟把雙縫干涉系列的兩大腦洞合二為一：延遲＋擦除。目的就是要在光子不僅穿過縫，而且還打到螢幕上後，再決定到底是要觀測（獲知光子的來路），還是不觀測（即擦除，讓所有光子變得不可區分）。

具體實驗如下[2]：

實驗分為兩大區域：實驗室和觀察站。

實驗室有光源、雙縫、晶體和螢幕，但沒有攝像頭之類的觀察設備；觀察站有三稜鏡、反射鏡和攝像頭，但沒有螢幕。最終實驗室的螢幕上出現光斑，但觀測光子，導致坍縮是在觀察站完成的。

觀察站的攝像頭和實驗室的螢幕不在同一個房間，甚至可以相距很遠。該如何觀測實驗室的光子呢？

很簡單：在雙縫後面放一種晶體[3]，它會把每個光子變成

兩個，其中一個繼續飛往實驗室的螢幕，另一個飛往觀察站。好比把每個光子複製一份，我們只要觀察發往觀察站的克隆體，就能推測出飛向螢幕的光子本體是從哪條縫過來的。

觀察站的三稜鏡負責把飛過來的克隆光子分成兩組，來自左縫的光子（圖中藍色光束）和來自右縫的光子（圖中紅色光束[4]）被折射向不同的方向，被兩個攝像頭輕鬆截獲，從而確定每個光子的來路。這樣一來，根據「獲取路徑資訊就等於觀測」的原則，干涉條紋會被破壞，螢幕上應該出現兩道槓。

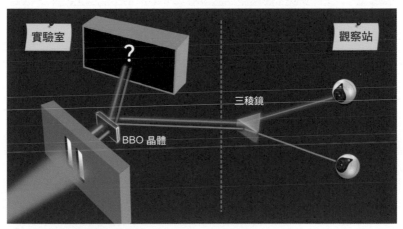

實驗室

觀察站

？

三稜鏡

BBO 晶體

量子延遲擦除實驗示意圖

我們還有另一種選擇：把光子的路徑資訊擦除，讓它們再次變得不可區分。不再用攝像頭攔截觀察區的克隆光子，而是讓它們繼續前進，直到被一面鏡子反射。最終左縫光子（藍

色）被攝像頭 A 觀察，右縫光子（紅色）被 B 觀察。

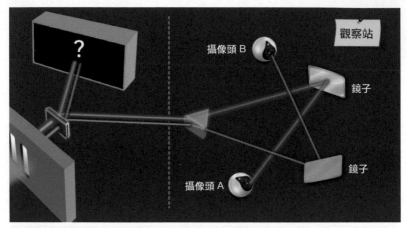

量子延遲擦除實驗示意圖

　　可是這樣一來，還是能區分光子來自左縫還是右縫，和之前直接攔截有什麼區別呢？不是說好要「擦除資訊」的嗎？

　　別著急，為了達到「擦除」的效果，只需在兩個攝像頭中間加一面半透鏡即可。

　　半透鏡是一種特殊的鏡子：把入射光的一半反射，另一半光繼續前進（透射）。如果只有一枚光子，它被反射或透射的機率是五成。

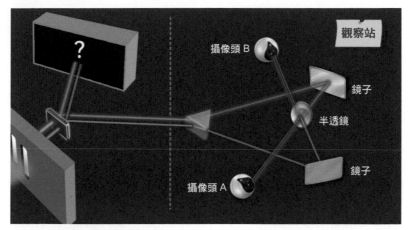

量子延遲擦除實驗示意圖

　　如上圖放置半透鏡與攝像頭，無論光子從哪條縫來，每個光子都有五〇％的可能到達攝像頭 A，也有五〇％的可能到達攝像頭 B。換句話說，當你用攝像頭 A 看到一枚光子時，既可能來自左縫，也可能來自右縫，無從判斷來路。

　　光子的路徑資訊就這樣被巧妙地「擦除」，根據「擦除路徑資訊等於沒觀測」的原則推斷，干涉會照常發生，屏幕上應該出現斑馬線。

　　現在關鍵來了：實驗室和觀察站之間可以分開很遠，但光的速度是恆定，所以光子到達實驗室的螢幕和它的克隆體到達觀察站的時間不一樣。理論上，這個時間差可以大到那邊光子已經打到螢幕上，這邊觀察站的儀器還沒布置好。我可以等螢幕出現條紋一小時後，再決定到底要觀察還是擦除，去試圖改

變早已板上釘釘的實驗結果。

延遲選擇實驗[5]告訴我們時間不重要，光子通過雙縫後的任意時刻觀察，都能影響量子世界。所以，實驗結果無非四種可能：

第一種：螢幕出現斑馬線。一小時後，跑到觀察站用攝像頭觀察光子判斷來路——已經拍成照片的斑馬線瞬間變成兩道槓。

第二種：螢幕出現兩道槓。一小時後，跑到觀察站用半透鏡擦除光子來路資訊——已經拍成照片的兩道槓瞬間變成斑馬線。

第三種：螢幕出現斑馬線。一小時後，跑到觀察站，準備用攝像頭觀察光子判斷來路。「觀察」和「擦除」兩套儀器事先早已布置好，只需按下按鈕，相應的儀器就會啟動。要按下「觀察」鍵的剎那，門外突然傳來一聲怒吼：「你媽叫你回家吃飯啦！」嚇得我小手一抖，剛好按下「擦除」鍵——螢幕和照片上還是斑馬線。

第四種：把第三種可能的文字複製到此處，然後把「斑馬線」替換成「兩道槓」，把「觀察」替換成「擦除」。

如果實驗結果是第一、第二種，我就能改變過去；如果是第三、第四種，我就能預知未來。無論哪種情況，我都將擁有超能力。現在，我要開始實驗，「量子俠」即將誕生！

近百年來，已經無法統計人類到底做了多少次雙縫干涉等

量子實驗。面對神祕的量子世界，物理學家非但沒感到害怕，反而像聞到血腥味的鯊魚一樣猛撲上去，從各種角度挑戰規則，直至把「上帝[6]」逼到死角：

你，要嘛給我改變過去的超能力，要嘛給我預知未來的超能力，別糾結，二選一，快點！

上帝微微一笑，指了指那塊布滿光點的螢幕。

螢幕？有什麼好看的，反正不是斑馬線就是兩道槓 ——

所有人都呆住了，螢幕上顯示的既不是斑馬線，也不是兩道槓，而是：

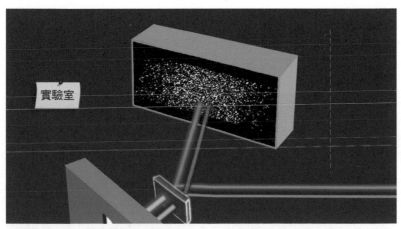

量子延遲擦除實驗示意圖

沒錯，真實的「延遲擦除」實驗中，無論選擇觀察還是擦除，螢幕上永遠都是四不像條紋。

喂！說好的不觀察就有干涉條紋呢？現在就算我選擇「擦

除」，也不會出現斑馬線，這違反前面所有實驗的結論啊！看來量子世界的物理規律自相矛盾、產生 bug 了吧？

沒有。

令人震驚的是，干涉條紋仍然存在於螢幕上，它只是在和你躲貓貓。

選擇「擦除」的情況下，如果觀察站的攝像頭 A 接收到某個克隆光子時，就把打到實驗室螢幕上的那個光子本體標為橙色；同理，把對應攝像頭 B 的螢幕上光子標為綠色[7]——你會發現，螢幕上看似雜亂無章的四不像條紋其實是兩條斑馬線疊加組成的。

兩個攝像頭對應的光子分別形成干涉條紋，放在一起卻剛好看不出來！

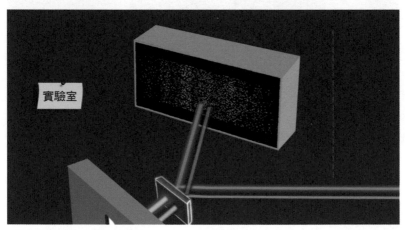

量子延遲擦除實驗示意圖

但如果選擇「觀察」，把攝像頭 A、B 拍到的克隆光子在螢幕上對應的光點打上顏色標記，那才真是一片雜亂無章。

　　螢幕上的四不像就像量子世界的刮刮卡：真正的干涉條紋被封印在其中，只有選擇「觀察」或「擦除」時，才有機會刮開塗層，看到底下究竟是「謝謝」還是「再來一瓶」。你的選擇沒有改變歷史，充其量只是完善對歷史的解讀。什麼改變過去、預知未來、超能力……算了，別提了。

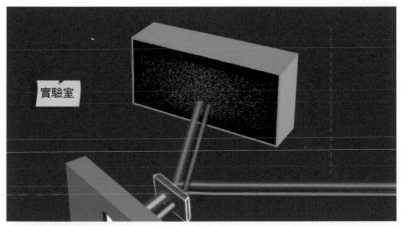

量子延遲擦除實驗示意圖

　　宇宙就是以這種狂妄的方式，再次向銀河系五環外的裸猿展示力量。

注釋

1. 惠勒二十二歲開始跟隨波耳學習，三十歲參與「曼哈頓計畫」，五十四歲獲得阿爾伯特・愛因斯坦獎，與波耳和愛因斯坦兩位大師都長期共事過，是歷史上為數不多的同時對量子和相對論都有深入研究的物理學家之一。

2. 即一九九九年的實驗 A Delayed Choice Quantum Eraser。文中為了方便描述，做了一些等效簡化。

3. 稱為 BBO 晶體，入射的一個光子被晶體吸收，發射出兩個糾纏光子對。

4. 圖中的光束顏色是為了便於區分來路（左縫／右縫）而標記，並非實驗中光子本身的顏色（頻率）。

5. 即前述第四次實驗。

6. 本書中提到的「上帝」一詞，均為物理規律的擬人化比喻，與宗教信仰無關，不代表作者認為上帝存在或不存在。

7. 橙色代表攝像頭 A 觀察到的光子，綠色代表 B 看到的光子。橙、綠僅用於區分，不代表光子來自哪條縫。在擦除模式下，A、B 兩個攝像頭都同時接收到了紅、藍光子，每個光子來自哪條縫無法區分。

Section 7 眼見為實

　　說來也怪，每天在量子世界神遊的物理學家，居然能對日常生活安之若素。

　　要知道，身體的每一個細胞，手機的每一道電流，地球、太陽和月亮，乃至整個宇宙都是由這些「既波又粒」、「不死不活」的量子微粒組成，它們才是世界的基石。然而奇怪的是，從未有人在宏觀世界見過不死不活的貓，或者既在桌子上，又在口袋裡的手機。

　　薛丁格的貓在宏觀世界中真的存在嗎？

　　一開始，包括薛老師和波耳在內，沒有人相信現實中真的會有不死不活、既死又活的貓。

　　可是不久後，科學家們驚恐地發現，這件看似顯然的事，居然無法證偽（證明貓不是疊加態）。

　　按理說，貓到底是不是疊加態，做個實驗不就明白了？可惜，這個實驗至今做不出來。畢竟，我們無法讓貓產生干涉條紋啊！

　　證偽不行，證實的方法倒是有一個：把這隻貓製造出來。

　　令人細思恐極的是我們已經做到了。

一九九六年，美國人克里斯多福・門羅（Christopher Monroe）用單個鈹離子製成「薛丁格貓態」，並拍下快照[1]，發現鈹離子在第一個位置處於自旋向上的狀態，同時在第二個位置自旋向下，兩種狀態產生疊加，而這兩個位置相距八十奈米之遙[2]！

實驗中，門羅團隊用鐳射冷卻技術將鈹離子困在一個小空間，使它處於「位置一且自旋向上」＋「位置二且自旋向下」的疊加態，與原版薛丁格貓「貓死且原子衰變」＋「貓活且原子不衰變」的疊加態異曲同工，在理論上是等價的。當然，無論是否真的是疊加態，我們只能觀測到鈹離子要嘛在位置一，要嘛在位置二，永遠不可能看到同時出現在兩個位置，實驗結果也的確如此。

但奇妙的是，門羅發現當鈹離子在位置一時，自旋一定向上；在位置二時，自旋一定向下。足以說明它處於疊加態，因為若非如此，它的自旋應該是隨機的，不會和位置產生關聯。

這是人類有史以來第一次，親手製造出一隻「薛丁格的貓」。

不過，這畢竟只是單個離子，和真貓相比還差了十萬八千里啊！

二〇〇四年，中國物理學家潘建偉帶領團隊首次實現多光子的薛丁格貓態。雖然這隻貓的身材依舊苗條──渾身上下只

有五個光子，但還是令波耳的信徒信心大增。

　　說明從單個微觀粒子到嚴格意義上的薛丁格貓（宏觀量子疊加態），也許只是量變而非質變。它被親切地稱為：薛丁格的小貓。

　　如果繼續增加粒子數量，是不是能把小貓慢慢餵肥成大貓呢？

　　然而現實很殘酷：目前薛丁格的最高紀錄，仍然是潘建偉團隊於二〇一八年實現的十八個光子的疊加態[3]。為了增加區區十三個光子，用了整整十四年時間。可想而知，要讓貓身上億個原子同時處於量子疊加態，絕非易事。

　　樂觀者看來這不過是暫時的技術困難，假以時日遲早會攻克；但有人認為，量子世界與宏觀世界之間存在著一道天然結界，像貓一樣大的宏觀疊加態，也許是這個宇宙明令禁止的。

　　有朝一日，能不能製造出一隻眼見為實的大貓？至少現在還不知道。但我們已經知道：即使是小貓，也蘊含著無比驚人的能量。

　　正是這些幾個光子組成的量子糾纏態，開啟宇宙的洪荒之力。

注釋

1. 一九九六年，門羅等完成的實驗 A "Schrödinger Cat" Superposition State of an Atom。

2. 鈹離子半徑大小只有〇‧一奈米左右，對它來說，八十奈米真的挺遠了。

3. 實驗論文〈18-Qubit Entanglement with Photon's Three Degrees of Freedom〉刊於二〇一八年一月《Physicalcal Review Letter》。

愛因斯坦的幽靈

困擾愛因斯坦四十年的「幽靈現象」，原來竟是宇宙的終極黑科技？

真有跨越光年暫態傳送的「超距通訊」嗎？

一九三五年，薛老師很忙。

除了眾多前女友和養貓以外，薛老師發現量子的詭異之處，而這在當時幾乎沒有人瞥過一眼。

為了研究微觀世界，看看原子核這個大西瓜肚子裡都有些什麼籽，科學家祭出最強大的武器：西瓜刀粒子對撞機。

歐洲子核子研究組織（CERN）的加速器就是做這個的，耗資七十八億美元，全長二十七公里，位於地下一百公尺，大型強子對撞機（LHC）是上萬名科學家重金打造的粒子 F1 賽道。它可以把微觀粒子加速到光速的九九・九九％，在環形隧道中以每秒一萬一千二百四十五圈的速度狂飆。當兩束粒子流相撞時，對撞瞬間產生的高溫可達太陽中心溫度的一百萬倍[1]，和一百三十七億年前宇宙大爆炸後百萬分之幾秒內的溫度相當。

最常見的現象是：加速器中的母粒子被撞擊後，分裂成兩個更小的粒子 A 和 B。根據動量守恆定律，子粒子的動量大小相等、方向相反。

ATLAS 量熱儀，周圍有八個環形磁體，用來測量質子對撞時產生的粒子能量[2]

　　例如，因為母粒子靜止不動，所以分裂後的子粒子 A 向左邊飛，B 一定往右邊飛，動量才能左右抵銷。

　　同理，A 和 B 的角動量必須互相抵銷。

　　對於宏觀物體，角動量就是旋轉產生的動量。一個旋轉的陀螺和一個靜止的陀螺相比，雖然位置都沒有移動，但不能說旋轉的陀螺沒在「運動」，因為它在旋轉的方向上運動。

　　微觀粒子的角動量稱為「自旋」，聽上去就像粒子是個旋轉的迷你陀螺。人們一度真是這麼以為的：電子順時針（用向上箭頭表示）、逆時針（向下箭頭）兩種自轉產生方向相反的角動量，導致它們在穿過磁場時會被分成上、下兩組[3]。但簡

單推算就會發現，電子不可能真的像陀螺一樣轉，否則它的表面速度會超過光速。

加速器環形隧道的一部分 [4]

　　沒有人親眼見過電子到底如何自旋，只知道它有角動量。自旋是個顛覆常識的概念，這倒是繼承量子家族的光榮傳統。你可以理解為電子像陀螺一樣旋轉，也可以理解為這是電子的某種神奇屬性，就像雞腿有色、香、味 [5] 等屬性一樣。反正只要遵循量子世界的規則，算出來沒錯就好。

　　對於分裂後的兩個粒子，如果 A 的自旋（角動量）向上，B 的自旋一定向下。至於具體是向上或向下，這是隨機事件，必須觀測後才知道。

自旋態「上」和「下」

　　問題來了：根據量子理論，不被觀測的情況下，粒子處於多種可能性的疊加態。此時，粒子的自旋既非向上，也非向下，而是兩者同時並存。

　　只有觀測後，兩個粒子之間才有上、下之分。當然，在守恆定律的約束下，它們必須保持陰陽平衡，不可能出現兩個自旋都向上或都向下的情況。

　　舉個例子，箱子裡那隻不死不活的薛丁格貓：A 和 B 這對龍鳳胎粒子，打出娘胎起，它們的性別就沒有確定；直到爸爸過來摸一把，才瞬間分出男女。

　　然而和薛丁格貓不同的是，箱子裡的貓只有一隻，孿生粒子卻有兩個。它們之間保持一種微妙聯繫，你上我下，此消彼長。而且，這兩個粒子即使相隔很遠，疊加態也能保持不變，這種微妙的聯繫始終存在。

在千里之外，瞬間產生聯繫……

地球上的「沒頭腦」被親吻，火星上的「不高興」臉上會留下脣印嗎？

?! 這……難道是……

是時候 hashtag 愛因斯坦了。

注釋

1. 即攝氏十萬億度，太陽核心的溫度約為攝氏一千五百萬度。
2. 圖片源於歐洲核子研究組織官網：https://home.cern。有興趣可以去看更多高解析度的圖。
3. 斯特恩－革拉赫實驗（Stern–Gerlach experiment），銀原子經過磁場後分成兩束，原因在於電子自旋產生的磁矩。
4. 同注 2。
5. 順便說一句，微觀粒子還真有「色」和「味」，雖然和日常語境的色、味毫無關係。這方面的研究稱為量子色動力學（Quantum Chromodynamics）和量子味動力學（Quantum Flavor dynamics）。

愛因斯坦之夢

地球人都知道，愛因斯坦是研究相對論的。

但恐怕很少有人知道，大神在三十五歲已經功成名就（完成狹義相對論和廣義相對論），而在之後四十年的悠長歲月裡，他其實都糾結一件事：量子力學。

曾經，他是集美貌與才華於一身的男子：

為什麼最帥的時候沒人認識我？

研究量子力學三十年後，「小鮮肉」終於糾結成「老鹹肉」。

時間是一把相對的殺豬刀

　　我思考量子力學的時間百倍於廣義相對論，
　　但依然不明白。

　　　　　　　　　　　　　　　　── 阿爾伯特・愛因斯坦

　　能讓愛因斯坦這種智商水準的人「不明白」的，不是深奧的理論和複雜的公式，而是宇宙的意義。

　　愛因斯坦深信宇宙在本質上是高度和諧，這種和諧可以透過數學之美體現出來。

　　所以，一個理論如果不美，倒不是說一定是錯的，但它肯

定不夠本質。

如果愛因斯坦當年沒研究物理，大概會去玩音樂

　　更高的層面上，和諧比對錯更重要。而量子力學在愛因斯坦看來，就是不和諧（不完備）的理論。

　　例如，量子力學的核心思想是：微觀世界的一切只能用機率統計表達，而具體到單個的粒子，它的狀態是不確定的疊加態。把這個粒子放大數億倍，就成為薛丁格的貓。

これは第一個讓愛因斯坦不爽的地方：量子力學否認物質的實在性。

愛因斯坦認為，根本不存在薛丁格思想實驗中那隻不死不活的疊加態貓。貓的死活在觀測前就是定數，只不過愚蠢的人類看不見箱子發生的一切，只能推測出「五〇％活或五〇％死」的機率。

是不是突然有一種和愛因斯坦英雄所見略同的感覺？

打個不太恰當的比方（真的好難）：

例如，我可以從網路看到，粉絲的男女比例是八：二。我相信，每個關注我的朋友，一定都對自己的性別深信不疑。

然而，發明量子力學的瘋狂科學家，他們竟然說八：二的比例代表每位粉絲的性別是不確定的，見面時八〇％的可能性會變成男生，二〇％的可能性會變成女生。

他們的理由是：因為只有這樣才能解釋，為什麼線下活動時來的都是男生，而線上私訊的都是女生。其實，女生為什麼沒來，可能出於很簡單的原因，例如當天正好有約會。

僅因為不知道背後的原因，就認為人的性別是可以按一定機率隨機改變，純屬幻想。

　　這個「背後隱藏的原因」，學名稱為「隱變數」。當時包括愛因斯坦在內的很多人都以為，一旦揪出隱變數，量子力學那些混沌不清的陰暗角落，就會被照亮得一覽無遺。一個不擲骰子的上帝，一個確定無疑的世界，一個可以被人類的直覺完全理解的宇宙，這就是愛因斯坦的終極夢想。到那時，「薛丁格的貓」等魔幻故事，只能當成《哈利波特》說給孫子聽了。

　　結果，貓的故事還沒講完，薛老師又想到「孿生粒子疊加態」，第二次觸怒愛因斯坦大神。

　　因為這一次，量子力學要挑戰的是相對論。

上帝：「愛因斯坦不讓我玩骰子！」

Section 2 幽靈的威脅

　　研究微觀小世界的量子力學，怎麼會和研究宏觀大宇宙的相對論結下梁子呢？又是薛老師不小心捅的婁子。

　　薛丁格「孿生粒子」的思想實驗中，兩個相距萬里的粒子，觀測出 A 的狀態，就知道 B 的狀態，因為 A 和 B 都是一個母粒子分裂而成，B 的狀態一定和 A 相反。

　　因為 A、B 兩個粒子的命運緊密相連，牽一髮而動全身，所以薛老師取了個性感的名字：量子糾纏。

　　例如：母親把一雙鞋分給兄弟倆，他們各帶一隻遠走他鄉。中國的哥哥打開盒發現是左腳，就知道弟弟帶到美國的一定是右腳。看上去沒什麼稀奇，稀奇的是，根據量子力學的說法，弟弟的鞋是左還是右，不是媽媽決定，而是哥哥「打開盒子」的行為決定。

　　哥哥看到左腳鞋瞬間，鞋裡飛出神祕訊號，閃電般穿過萬水千山，通知美國的另一隻鞋變成右腳。

　　這個速度能有多快？無限快，但是「上帝」允許無限快的暫態傳送嗎？

　　這個宇宙中，沒有任何物質、能量或資訊能超過真空光

速[1]，這是早已被證實無數次的宇宙基本原則，也是相對論的大前提。不要說超過光速，就是試圖接近光速的行為，都會導致時空的畸變[2]。想坐上超光速飛船，人類僅有的兩個希望，一個是穿過蟲洞（Wormhole）[3] 抄近道，另一個是用傳說中的「曲速引擎[4]」扭曲飛船前後方的空間實現超光速移動。不過，它們都是在空間上做文章，而飛船相對於自身空間的運動沒有超過光速。

宇宙的尺度是以「億光年」為單位計算，恢宏的空間中，銀河系一邊發生的任何事情，不可能立即對彼岸的世界造成影響，這叫「定域性」。就算此時此刻太陽爆炸[5]，我們還能逍遙自在地活八分鐘，因為八分鐘後，光才來得及從太陽飛到地球。

而對粒子 A 的觀測，居然瞬間讓遠方的粒子 B 的量子疊加態坍縮？這被愛因斯坦斥為「幽靈般的超距作用」。

嚴謹、光榮、正確的學術界，「幽靈」是一個讓人聯想起偽科學的詞。

不存在超光速，更不存在超距作用，因為它違反相對論的大前提：定域性。如果量子糾纏允許超光速，是量子力學錯了，還是已經被無數次實驗證實的相對論錯了？

愛因斯坦看來，這根本不是問題。一雙鞋，兄弟倆當時分到的就是一左一右；兩個粒子在分裂的瞬間，A、B 的狀態就是確定的。塵埃落定後，你愛怎麼觀察就怎麼觀察，為什麼要

信量子力學那一套「觀察決定實驗」的鬼話？

可惜在量子面前，直覺和常識又一次大錯特錯。

這個宇宙，真的不簡單。

注釋

1. 波的相速度可以超光速，但不是真實物質的運動速度。另外，某些反常色散介質中，發現光脈衝的群速度可以超光速，但這種情況下的群速度不能代表資訊傳播的速度，也不代表單個光子的運動速度。後續實驗證實，光脈衝群速度超光速的現象與光前驅波有關，單光子速度並未超光速。
2. 即狹義相對論的「鐘慢尺縮」效應。
3. 連接不同時空的隧道，又稱愛因斯坦－羅森橋（Einstein-Rosen Bridge），一九三〇年由愛因斯坦與納森・羅森（Nathan Rosen）提出，後被惠勒稱為「蟲洞」。透過廣義相對論的愛因斯坦重力場方程式，可以從理論上推導出蟲洞存在的可能性，更有研究認為可以做時間旅行，甚至供人類安全穿越的蟲洞都可能存在。但是，目前尚無任何觀測證據證明宇宙中確實存在蟲洞。
4. 曲速引擎（Warp Drive）：米給爾・阿庫別瑞（Miguel Alcubierre）於一九九四年提出的理論設想。曲速引擎可以膨脹飛船後方的空間，同時收縮前方空間，從而實現移動，而飛船相對於自身空間是靜止不動的。由於空間本身膨脹／收縮的速度沒有限制，所以理論上可以超光速飛行。諸多科幻作品中使用這一設定，如《星際爭霸戰》、《三體》等。但在技術實現方面，目前尚無實質性進展。
5. 這不就是《流浪地球》的劇情嗎？

Section *3* 量子駭客

　　超距作用（量子）vs. 定域性（愛因斯坦），人們曾經以為這是永遠不會有答案的問題。因為如果做實驗驗證，兩者根本無法區分啊！例如，先製備一對所謂的糾纏態電子，然後一個運到臺北，一個放在高雄。我先測量到高雄的 A 自旋向上，然後打電話問臺北的同事：你那邊測到 B 是什麼態？

　　一〇〇%是自旋向下！

　　愛因斯坦和量子理論都預言，B 的自旋一定和 A 相反。也就是說，僅憑測量是不可能區分兩種說法誰對誰錯。好比兩人賭同一支球隊贏，如何分勝負呢？

　　但不測量，怎麼可能知道它在測量前是什麼？

　　顯然，這個問題無解。

　　三十年過去，愛因斯坦、波耳、薛丁格等一代宗師已經成為逝去的傳奇，然而還是沒有人認真思考過這個問題。

　　也許這就是為什麼，做出這個近代物理學最重要的大發現的，竟然不是某著名教授，而是一位當時還默默無聞的工程師。難怪當他投稿後，文章居然被編輯「不小心」弄丟，拖了一、兩年才發表。

　　約翰·貝爾（John Stewart Bell），三十六歲提出「貝爾不等式」，歐洲核子研究組織加速器設計工程師，業餘愛好是研究量子力學的基礎理論。

　　我一直覺得貝爾不像傳統意義上的科學家，更倒像個「量子駭客」。雖然和電腦駭客相比，他破解的是原子而非位元；但論及思維之獨特、技巧之高超、發現漏洞之敏銳，則有過之而無不及。

　　貝爾不等式就是讓量子理論和經典物理一決勝負的方法，如果實驗結果表明不等式成立，則愛因斯坦（經典物理代言人）勝；如果不等式不成立，則波耳（量子理論代言人）勝。

為了讓大家看懂貝爾不等式，除了國中數學基礎外，最好先了解一些物理知識，用以下這個簡化版實驗[1]為例：

中間的光源發射出一對糾纏光子，一個飛向左邊，一個飛向右邊。它們的偏振方向始終保持相同，可能都是水平方向（平行於地面），也可能都是垂直（垂直於地面）[2]。光子通過偏振片時，有可能直接穿過去，也有可能被擋住，機率取決於光子偏振方向和偏振片方向的夾角。偏振片後面各有一個攝像頭，用來觀測有多少比例的光子通過偏振片。

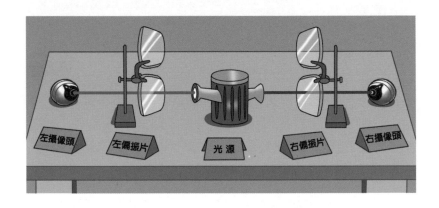

等等！剛才不是還在說「糾纏電子自旋相反」，怎麼現在又說「糾纏光子偏振方向相同」？這個實驗和貝爾不等式有什麼關係啊？

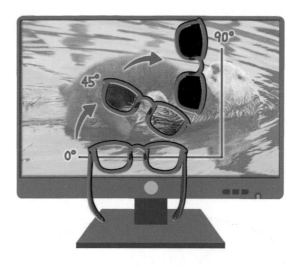

墨鏡平放，墨鏡偏振方向和顯示器光偏振方向都為水平，全亮；
墨鏡豎放，墨鏡偏振方向垂直，光偏振方向仍然水平，全黑 [3]

　　沒錯。光子的自旋決定它的偏振，所以光子的偏振相當於
電子的自旋。另外，一對糾纏光子的偏振方向可以相同，也可
以互相垂直 [4]。為了簡單起見，假設在這個實驗中，糾纏光子
的偏振方向始終相同。

　　如果還不知道什麼是偏振光，可以拿一副墨鏡，對著電腦
顯示器或手機螢幕，鏡片和螢幕始終保持平行；旋轉墨鏡時會
發現，轉到某個角度時，螢幕上一片漆黑，一個字都看不見；
再轉九十度，又恢復光明；零～九十度間則是半明半暗。因為
大部分墨鏡是用偏振片製成，而大部分顯示器發出的是單一方
向的偏振光，旋轉墨鏡導致兩者偏振方向的夾角發生變化，所

以穿透墨鏡的光子數量隨之改變。

　　光子通過墨鏡的機率，完全取決於光子的偏振方向和墨鏡偏折方向的夾角。為了方便理解，請你想像一條鰻魚（光子），正在努力穿過一條細長的縫（偏振片）。鰻魚的游動方式和細縫方向愈接近平行，愈能輕而易舉地穿過去；反之，如果兩者之間接近垂直，就十有八九被卡住。零～九十度之間，通過、通不過的機率也相應變化。

　　為了理解這個實驗，只需要記住以下三點：

　　第一，光的偏振方向各式各樣，但實驗中的光源是特殊的，發出的每個光子偏振方向要嘛水平、要嘛垂直，沒有別的角度。

　　一對糾纏光子的偏振方向就像硬幣只有正（垂直角度）、反（水平角度）兩面，每次拋硬幣出現正面或反面是隨機的。但兩個光子「硬幣」的正、反面保持同步，每次都是兩個正面

（垂直角度）或兩個反面（水平角度），不會出現一個垂直、一個水平的情況。

　　光源每次只發射一對糾纏光子，發射 N 次後，每個光子的偏振角度可能就像這樣：

	左光子偏振方向	右光子偏振方向
第一次發射	垂直	垂直
第二次發射	水平	水平
第三次發射	水平	水平
……	……	……
第 N 次發射	垂直	垂直

　　第二，反正很多墨鏡就是偏振片製成，我們就用墨鏡代替偏振片。偏振片正對著光子飛來的方向，後面還有攝像頭盯著，好比戴上墨鏡盯著顯示器向你射來的無數光子。你看到的是一片光明還是一片漆黑，代表光子通過還是沒通過 —— 唯一的區別是，實驗中每次只有一個光子飛向墨鏡。這一個光子要嘛通過，要嘛沒通過，不存在一半過、一半沒過的情況。只需旋轉墨鏡，就能改變通過／沒通過的機率。

　　第三，墨鏡偏振方向與光子偏振方向之間的夾角 θ，決定光子通過墨鏡的機率。最簡單的兩種情況是：墨鏡看到一片光明，此時 θ = 0º，相當於光子與墨鏡偏振方向平行，光子一定通過；θ = 90º，一定被阻擋，墨鏡一片漆黑。其他角度不用你

算[5]，記住下表的結論就好，後面會用到。實驗中的 θ 只涉及以下四種角度：

θ 角	光子通過的機率	光子被擋的機率
0°	100%	0%
30°	75%	25%
60°	25%	75%
90°	0%	100%

以上，就是理解貝爾不等式所需的所有知識了。準備好了嗎？請欣賞相聲《兩個世界體系的對話》[6]，有請愛因斯坦和波耳登場。

===== 幽默感分割線 =====

愛因斯坦：「波耳，是你，你怎麼會在這？」

波耳：「喲，老愛！好久不見！我想死你啦（擁抱）……話說，您不是已經走了六十多年了嗎？」

愛因斯坦：「老小子，你也快六十年啦！」

波耳（面向觀眾）：「今天我們倆來給大家說段相聲，物理學是一門基礎學科，講究四大力學[7]：理論力學、量子力學……」

愛因斯坦：「您打住──咱倆今天來這裡，好像不是為了

這件事吧？」

波耳：「所以我們來這是因為？」

愛因斯坦：「昨天晚上，一個叫貝爾的小夥子打電話給我，說今日此時，到這裡來和量子力學一決勝負。」

波耳：「您這麼一說我想起來了，他也打電話給我。不過他說的是，讓我來用量子力學給你們這些老傢伙一點顏色瞧瞧。」

愛因斯坦：「哼，好傢伙，好大的口氣！」

波耳（指著身前的儀器）：「瞧，儀器都安排好了，不過貝爾這小子太不認真了，為了省錢，竟然用墨鏡取代偏振片。」

愛因斯坦：「欸？這裡還有張字條，上面寫著……」

波耳：「請您念念。」

愛因斯坦念道：「今天請兩位大師齊聚一堂，是為了解決『量子定域性』問題之爭。經過我對國中數學課本的潛心研究，發現不等式是解決問題的關鍵。當一對糾纏態光子射向兩邊的偏振片時，量子力學的預言和經典物理的預言將明顯不同。請二位做三次實驗，計算一對光子的其中一個通過偏振片、同時另一個沒通過的機率，勝負自見分曉。── 約翰·貝爾。」

波耳：「我是研究量子的，您不就是『經典物理』……老古董嘛！」

愛因斯坦一怒之下說：「你們搞的那些才叫扯！連二十一

世紀的人都無法理解！」

　　波耳：「光說不練假把戲，要不我們來來試試？」

　　愛因斯坦：「來就來！」

第一回合

　　波耳的第一次實驗，兩邊的墨鏡偏振方向初始都是零度，
就是與地面垂直。

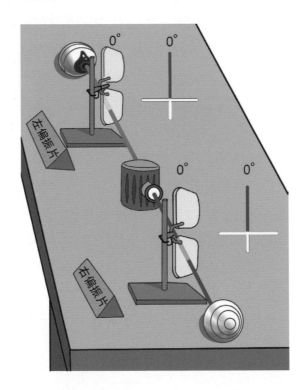

如果光子的偏振方向垂直，墨鏡與光子偏振方向的夾角θ＝0º，它將一○○％地通過偏振片，被攝像頭拍到；如果是水平，它一定不通過偏振片，攝像頭會發現沒有光子通過。設定發射一百個（五十對）糾纏光子，每次發射一對，看攝像頭就可以判斷光子的偏振方向是垂直還是水平。

　　波耳：「先讓我算算，根據量子力學，左右兩邊通過的光子比例是……你有帶筆記嗎？」

　　愛因斯坦：「啥？這麼簡單的問題還要算？」

　　波耳在桌上奮筆疾書：「糾纏光子的波函數是……左光子偏振方向是垂直的機率幅是……偏振方向為水平的機率幅是……」

　　愛因斯坦：「算完了嗎？」

　　波耳滿頭大汗說：「等一下……取基矢為……左矢乘右矢……」

　　愛因斯坦聲音宏亮說：「一對光子，其中一個通過偏振片、另一個沒通過的機率為零。」

　　波耳驚訝表示：「和我算的結果一樣！」

　　愛因斯坦無奈說：「你們研究量子的就喜歡把簡單問題複雜化，這還要算？因為所以，科學道理！」

　　波耳：「請您說說？」

　　愛因斯坦：「你想啊！打從兩個光子從娘胎出來時，偏振方向就確定了；因為是雙胞胎，所以要嘛都是垂直，要嘛都是

水平，兩者必須保持同步，一個垂直、一個水平的根本不存在。而兩個墨鏡初始都是垂直方向，所以要嘛兩個光子都過，要嘛都沒過！」

波耳想像儀器說：「實驗結果確實如此，總共發射一百個（五十對）光子，左邊攝像頭拍到二十五個，右邊攝像頭拍到二十五個，正好一半的光子通過偏振片。再看每次發射記錄……要嘛兩邊都通過，要嘛都不過，一邊過、一邊不過的情況完全沒有！」

愛因斯坦：「早就說了，你們量子算出來的和我們經典的都一樣，怎麼分輸贏呢？」

波耳：「慢著，我們量子大有不同啊！例如您剛才說這兩個光子一出娘胎，偏振方向就確定了。但我們做了很多量子實驗發現，並非如此。光子的偏振是在觀測時才決定，而且一個光子變了，另一個瞬間跟著變！」

愛因斯坦搖頭說：「又來了，要不我們再做次實驗？」

第二回合

波耳：「好，現在我做第二個實驗，把左墨鏡旋轉三十度，其他不動。

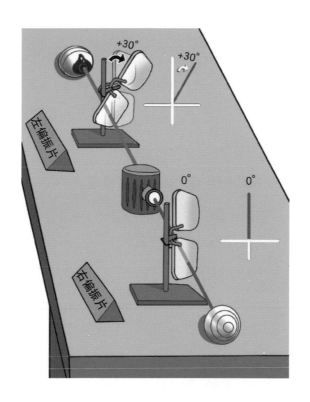

　　如果左光子偏振是垂直方向，通過的機率是七五％；如果
是水平，通過機率是二五％。至於一個通過、一個不通過的機
率，用量子力學算出來的預測是……」

　　愛因斯坦清清嗓子說：「二五％。」

　　波耳驚訝說：「又和我一樣！（轉向儀器）實驗結果也是
如此！」

　　愛因斯坦微笑說：「這還不簡單，聽好了。剛才說過，一
對光子的偏振方向要嘛都垂直，要嘛都水平，兩種情況分別討

論。

　　當兩個光子都垂直時：右光子全部通過，因為右偏振片本來就是垂直方向；而左邊墨鏡剛才轉三十度，$\theta = 30°$，導致左光子被阻擋機率是二五％。所以在這種情況下，一邊通過、另一邊不過的機率等於二五％。

四次發射中有一次「只有一邊通過」（25%）

	左光子是否通過	右光子是否通過
第一次發射	✓	✓
第二次發射	✓	✓
第三次發射	✓	✓
第四次發射	✗	✓

　　當兩個光子都水平時：右光子全部被擋，左光子 $\theta = 60°$，通過的機率為二五％。一對光子中「只有一邊通過」的機率也是二五％。

四次發射中有一次「只有一邊通過」（25%）

	左光子是否通過	右光子是否通過
第一次發射	✓	✗
第二次發射	✗	✗
第三次發射	✗	✗
第四次發射	✗	✗

因為兩個光子都垂直或都水平的機率各占一半，所以整體機率等於以上兩個機率的平均，就是二五％。」

波耳：「算得真仔細，所以我們是不分勝負？」

愛因斯坦：「可不是嘛！」

第三回合

波耳：「還有最後一次實驗，現在把右邊墨鏡轉三十度，但轉的方向和左邊墨鏡相反（負三十度），現在兩個墨鏡之間夾角是六十度。老愛，你怎麼不說話了？你厲害，就說按你們經典演算法，機率是多少吧？」

愛因斯坦沉思後說：「我不知道。」

波耳：「啥？」

愛因斯坦：「我是說我不知道精確值，但可以估算一個範圍。

因為兩個光子的偏振方向誕生時已經確定，左光子有沒有過不影響右光子，所以可以把這個實驗拆成左、右兩半單獨看。

還是分兩種情況討論：先考慮兩個光子都垂直。簡單起見，假設總共只發射四對光子。偏振片左三十度、右零度時，左光子 $\theta = 30^\circ$（通過機率七五％），所以大約有三個左光子通過、一個左光子被擋。如果換成左零度、右負三十度，同

理，應有三個右光子通過、一個被擋。

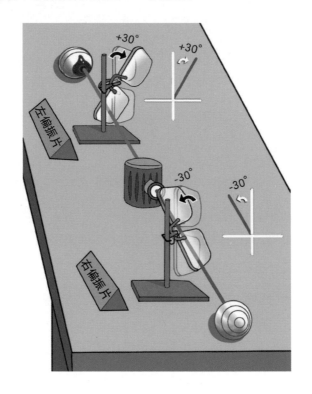

現在問題來了：我說不知道精確值，是因為當左光子通過時，和它一對的那個右光子可能通過（七五％機率），也可能沒過（二五％機率）！但我可以估個範圍：最好情況下，每次左光子通過時，右光子都沒通過，『只有一邊通過』的情況共出現兩次，占五〇％；最差情況下，每次左光子通過時，右光子也同時通過，『只有一邊通過』的情況一次都沒發生，機率為〇％。

最好情況：四次發射中有兩次「只有一邊通過」（50%）

	左光子是否通過	右光子是否通過
第一次發射	✓	✗
第二次發射	✓	✓
第三次發射	✓	✓
第四次發射	✗	✓

最差情況：「只有一次通過」一次都沒發生（0%）

	左光子是否通過	右光子是否通過
第一次發射	✓	✓
第二次發射	✓	✓
第三次發射	✓	✓
第四次發射	✗	✗

　　同理，再考慮兩個光子都水平的情況，算出結果和上面一樣。所以，『只有一邊通過』的機率≥〇％，≤五〇％，這就是貝爾那小子說的什麼不等式吧？」

　　波耳豎起大拇指說：「精彩！老愛啊！沒想到過了這麼多年，你的思路還是如此清晰，讚！但有一點我們得討論，你說左邊有沒有過不影響右邊，所以把兩邊當作獨立事件，這可大錯特錯。量子力學的計算結果表明，兩個光子有沒有穿過偏振片的事件相互影響，機率只和兩個偏振片方向的夾角有關[8]。

也就是說，左三十度、右負三十度的偏振片設置，和左零度、右六十度作用相同，『只有一邊通過』的機率都是七五％！」

愛因斯坦：「什麼?!這完全超出我剛才算的範圍（〇％～五〇％）啊！貝爾不等式不成立了，這不可能！」

波耳指著儀器說：「睜大眼睛看看吧！實驗結果就是七五％！哈哈，當年我們兩個打了多少次平手，現在終於贏你第二次！」

愛因斯坦：「第二次？我怎麼不記得有第一次？」

波耳：「第一次就是我比你早一年得諾貝爾獎！」

愛因斯坦：「好吧！不和你說了，我先撤了。」

波耳：「怎麼急著走啊？」

愛因斯坦：「回去惡補量子力學……」

波耳：「這就對了！」

愛因斯坦：「然後找出它的漏洞，量子力學是不完備的，你連波函數怎麼『坍縮』都說不清楚。你給我等著，我會殺回來的！」（走出實驗室）

波耳面向觀眾，雙手一攤說：「其實我真的不知道『坍縮』是怎麼回事，不過算出來對不就行了？」

觀眾：「吁……」

===== 我是量子社分割線 =====

　　如果愛因斯坦的定域性理論正確，左光子有沒有穿過偏振片，和右光子一點關係都沒有，「只有一邊通過」的機率應符合貝爾不等式，在〇％～五〇％之間。但用量子力學算出來的結果是七五％，和定域性理論的預測出現明顯差異，這就叫「貝爾不等式不成立」。

　　能讓愛因斯坦和波耳一決高下的不等式，在數學上居然非常簡單。貝爾不等式的推導，除了加減乘除四則運算外，唯一用到的「高等數學」就是不等式定理，只要學過國中代數就能理解。

　　專家、教授、大師看到貝爾不等式，先是嗤之以鼻，接著目瞪口呆，最後是深深的悔恨：我為什麼沒有想到啊！

　　這個深藏三十年的宇宙級 bug，就這樣被挖了出來。貝爾不等式的誕生，宣告量子定域性之爭，從哲學思辨變為實驗可證偽的科學理論。

　　二十年後（一九八二年），法國人阿蘭・阿斯佩（Alain Aspect）第一個透過實驗成功驗證貝爾不等式[9]，結論：量子力學獲勝，幽靈般的超距作用是真的。

阿斯佩驗證貝爾不等式的實驗室

　　為了萬無一失，阿斯佩把這個實驗做了三次：第一次實驗結果偏離貝爾不等式達到九倍誤差範圍[10]，和量子理論的預測完全吻合；第二次，採用「雙通道」技術改進後，偏離提高到四十倍誤差；最變態的是第三次，阿斯佩把雙縫干涉實驗的「延遲選擇」用到自己的實驗裡，偏振片的方向是在光子快到偏振片的那一刻隨機決定的──當然，實驗結果仍然一〇〇％地站在量子理論這邊。

　　萬萬沒想到，實驗結果揭曉後，最高興不起來的居然是貝爾。

　　諷刺的是，貝爾原來是愛因斯坦的忠實信徒，人家下班不

去約會，而去研究不等式，原來就是為了證明量子力學錯了。更諷刺的是，那個加「延遲選擇」的高級版實驗[11]還是貝爾建議阿斯佩做的，這讓他情何以堪⋯⋯

後來，貝爾花了大半輩子的時間，試圖找出實驗的漏洞，去世前還在思考如何修正定域性理論。

當然，這一切都沒有什麼用。

從阿斯佩實驗至今三十多年，人們在光子、原子、離子、超導位元、固態量子位元等許多系統中都驗證貝爾不等式，所有實驗無一例外，全部支援量子理論。

如今，已經沒有人懷疑量子世界的奇異和真實。但很多人還是忍不住會想，貝爾不等式什麼的還是太抽象了，能不能親眼見證量子糾纏的魔力呢？

注釋

1. 等效於阿斯佩（Aspect）實驗。
2. 偏振方向保持相同的糾纏光子對可由級聯輻射或自發參量下轉換（SPDC）過程產生。實際實驗中，光子包含所有偏振方向，而非只有水平和垂直兩種。因為任何偏振方向都可以看成水平偏振和垂直偏振的疊加，且所有水平偏振態和所有垂直偏振態等量，故可做此簡化。
3. 此例中，假設顯示器光偏振方向為水平。但不同顯示器光的偏振方向不一定相同，常見有水平、四十五度角、垂直。同理，墨鏡偏振方向也各有不同。

4. 對於 SPDC 過程生成的糾纏光子對，0 型、I 型的偏振方向互相平行，II 型的偏振方向互相垂直。

5. 數學公式為：光子通過的機率 $= \cos^2(\theta)$，被阻擋的機率 $= \sin^2(\theta)$。

6. 這個名字來源於伽利略（Galileo Galilei）的著作《關於托勒密和哥白尼兩大世界體系的對話》，書中人物分別代表地心說與日心說展開辯論。

7.「四大力學」指理論力學、量子力學、電動力學和統計力學。

8. 量子力學推導結果為：設左偏振片偏振角為 α，右偏振片偏振角為 β，則兩個光子一邊過、一邊不過的機率是 $\sin^2(\alpha-\beta)$，其機率只與兩偏振片的夾角 $(\alpha-\beta)$ 有關。

9. 阿斯佩於一九八〇年至一九八二年間做了多次實驗以驗證貝爾不等式，統稱「阿斯佩實驗」。

10. 指透過實驗資料得到的某個數值是實驗誤差範圍的多少倍。倍數愈大，實驗愈有說服力，因為這意味著實驗資料不可能僅是誤差所造成。

11. 指第三次阿斯佩實驗。

Section 4　幽靈成像

　　比起喜歡用數學公式講道理的貝爾，研究量子光學的史硯華實在多了。

　　我覺得史教授二〇〇八年發明的「幽靈成像」，應該是證明量子糾纏絕非幻想的最直觀實驗。

　　幽靈成像的原理通俗易懂：先把紅光子和藍光子「糾纏」在一起，然後兩者分開各走各路。紅光穿過狹縫打出一定形狀的圖案，藍光不穿縫正常走。

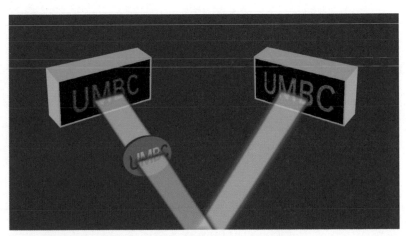

第一次幽靈成像傳送的是史教授大學的 logo（馬里蘭大學）

實驗結果絕對震撼：明明沒有穿過狹縫的藍光，竟然投射出與紅光相同形狀的圖像。

如果這個實驗能夠早七十年做出來，我真想看看愛因斯坦的表情。

活見鬼了

這次你總不能說：光子在糾纏前就已經是那個形狀了吧！

每個光子能不能穿過狹縫，是在出發後才決定的。發生在紅光子身上的所有事，藍光子會分毫不差地經歷一遍。這樣看來，僅把量子糾纏比作龍鳳胎還遠遠不夠，它們出生時珠聯璧合，長大後仍然是生死與共。

而且，通過改變紅光那邊狹縫的形狀，想讓藍光打出什麼樣的圖案都可以。

這意味著如果把紅光的狹縫端做為發送方，把藍光的成像端做為接收方，我們就可以遠端發送圖像甚至影片，而且無論發送方與接收方之間距離多遠。哪怕從宇宙的另一端傳過來都

是暫態傳輸，延遲時間永遠為零。

這豈不是違反相對論「任何物質和資訊不能超過光速」的公理了嗎？

沒有。

雖然資訊是暫態傳送過來，但要把其中的亂碼剔除，提取出真正的內容，還是得讓發送方用不超光速的傳統方式再發一個「改錯碼」。

為什麼？

原因很簡單：藍光子沒有受到任何阻擋，被接收方統統收下，沒有哪一個藍光子會半途人間蒸發。收到的藍光如果不做處理、直接顯示成圖像一看，就是藍乎乎的一坨，哪有什麼圖案啊？

其實，真正的圖案就隱藏其中，只是需要某種方法識別。

方法就是找出和每個紅光子成對的藍光子，根據雙縫干涉的經驗，我們知道如果把光子一個一個發射，和一齊發射的效果相同，最終螢幕上該是什麼就是什麼。「幽靈成像」實驗中，如果把每對糾纏光子逐個發射，同樣能傳輸圖像。但區別在於：逐個發射時，我們就能判斷每個藍光子對應的孿生紅光子是不是真的穿過狹縫。

發射一對紅藍光子後，藍光子一〇〇％被收到，而紅光子不一定：也許它穿過狹縫（收到），也許被擋住（沒收到）。每次發射後，如果收到紅光子，就把對應的藍光子標記為「保

留」；如果沒收到，就把對應的藍光子標記為「丟棄」。我們就能挑出穿過狹縫、形成圖案的紅光子的親兄弟，而不是將所有藍光子照單全收。等全部光子發射完成，再去盤點收到的藍光子，把標記為「保留」的留下，標記為「丟棄」的剔除，最後剩下的藍光子就形成狹縫的圖案。

所以，接收方光有暫態傳送過來的一坨藍光都沒用，還得等紅光那端的夥伴通知有沒有收到每個藍光子對應的紅光子。這個至關重要的「改錯碼」，無論是打電話、發訊息，還是用別的方式傳送，都不可能超過光速。讓愛因斯坦操碎心的「超光速」問題，原來只是杞人憂天。

大自然就是如此微妙。

宇宙的規則也許看似奇怪，內在卻有著驚人的一致性。我們只能說相對論和量子力學之間存在著某些理論上的矛盾[1]，但從未發現物理規律有自相矛盾的地方。

如果把宇宙看成系統或產品，最令人細思恐極的是：無論狡猾的人類搗鼓出多麼刁鑽古怪的實驗，這個同時線上用戶數高達 10^{80}（一後面跟八十個零）[2]的產品卻從來、從來不會被搞出 bug。

你什麼時候見過宇宙藍屏重啟了？

如果這個宇宙真的有一個產品經理，請收下我卑微的膝蓋。

捎帶一個問題：為什麼您的宇宙會有量子糾纏？

注釋

1. 做為人類有史以來最成功的兩大理論，相對論和量子力學的結合卻遇到始料未及的巨大障礙。狹義相對論尚且可以和量子力學結合為量子場論，但計算結果會出現莫名其妙的無窮大，只能用「重整化」的技術手段將其人為抵銷。廣義相對論中的引力連重整化都做不到，所以無法與量子力學結合。將兩者合二為一的夢想稱為「統一場論」，目前最有希望的候選人有弦理論、迴圈量子重力等，但都未經實驗證實。

2. 10^{80}：宇宙中所有原子總數（數量級估算）。

Section 5　宇宙的洪荒之力

　　一百多年前，量子力學的祖師爺波耳說：「如果你沒有被量子力學嚇到，那你肯定不懂量子力學。[1]」

　　愛因斯坦：「我思考量子力學的時間百倍於廣義相對論，但依然不明白。」

　　造出第一顆原子彈的費曼更直接：「我可以有把握地說，沒有人懂量子力學！[2]」

　　學了一百多年的量子力學，我們今天懂了嗎？

　　「墨子號」首席科學家、中國量子通訊第一人潘建偉曾說：「只要我搞清楚為什麼會有量子糾纏，馬上就可以死。」

　　朝聞道，夕死可矣。一代又一代科學家，就是以純粹的好奇心，為科學「死去活來」。

　　接著潘院士說：「但現在不能馬上搞清楚，所以我又希望活得很久……」

　　考慮到潘院士今年才五十歲，這句話似乎暗示著，我們五十年後都不一定能搞懂量子了。

　　這些專家說的「不懂」，可不是小學生學不會四則運算的那種「不懂」。我們已經搞清楚微觀世界的所有基本規則，建

立強大的數學模型，算出來的理論預測和實驗結果分毫不差。但我們只是拿到使用說明書的孩子，對其意義和目的一無所知。

不過，科學家在應用量子理論的同時，從未放棄對本質的探索。現在，愈來愈多線索顯示，量子糾纏的背後，可能隱藏著一個巨大的祕密。

二〇一三年，弦論達人胡安・馬爾達西那（Juan Maldacena）和理論物理學家李奧納特・色斯金（Leonard Susskind）發現，量子糾纏和蟲洞在數學模型上非常相似。他們猜想，量子糾纏也許就是微型蟲洞，除了大小懸殊外，沒有本質區別，這個猜想被稱為 ER = EPR。

ER 是 Einstein-Rosen 的縮寫，代表愛因斯坦－羅森橋，一種不可穿越的蟲洞；EPR（Einstein-Podolsky-Rosen）是愛因斯坦－波多爾斯基－羅森弔詭，代表量子糾纏。量子糾纏和蟲洞具有兩個相同特性：

一、雖然有暫態連接，但無法用來傳送資訊。

二、不能透過定域操作和經典通訊創造。

如果「ER = EPR」的猜想正確，我們可以先製造 N 對糾纏粒子，把它們一對對分開，分別運到相隔萬里的地方。當它們分別坍縮成黑洞 A 和 B，組成這兩個黑洞的所有粒子之間仍保持著糾纏──這就是蟲洞，兩個黑洞間大號的量子糾纏。反之，微觀粒子的量子糾纏就是小號的蟲洞。量子糾纏最神祕

的現象「超距作用」，其實沒有超越光速，而是像蟲洞穿越時空。這就是孿生粒子能夠異地千里，同呼吸、共命運的真正原因。

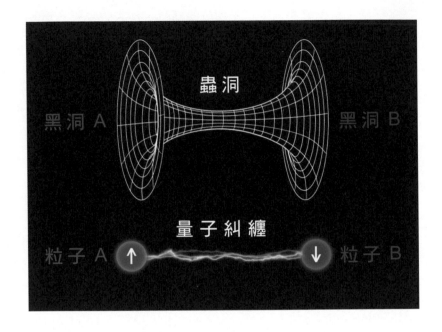

二〇一〇年，馬克‧范‧拉姆桑克（Mark van Raamsdonk）在其獨立研究中，發現更為驚人的線索。

拉姆桑克建立一個三維宇宙模型，與真實宇宙類似[3]，這個模型宇宙內部的粒子同時存在量子糾纏和萬有引力。他在數學上證明[4]，一旦去掉模型中的量子糾纏，時間和空間就會被打亂成碎片。拉姆桑克意識到，正是無處不在的量子糾纏，像建築物的鋼筋結構一樣，把本應支離破碎的時空編織成整體。

他說：「我當時覺得理解此前從未有人解釋過基本問題的某些實質──時空的本質是什麼。」

有進一步實驗證據前，我們無法評價這些純粹基於理論的猜想到底可不可靠。但令理論物理學家心跳加速的是，各條獨立的線索似乎指向同一個寶藏。找到它，發現量子糾纏真正的祕密，就有可能理解在開天闢地、宇宙洪荒的大爆炸時刻，宇宙是怎樣被建造出來的。正如惠勒所言：「未來的物理學應當來自我們對量子理論的更深入理解。」為了傳說中的 One Piece（《海賊王》的一種寶藏），身懷絕技的人們紛紛踏上量子時代的大航海之路。

有人說：哲學家只是用不同方式解釋世界，而問題在於改變世界[5]。其實，科學和文明的高度，取決於我們對世界理解的深度。

透過認識和理解世界，猿人把手中的石塊換成自然規律，擁有改天換日的力量。當一群不食人間煙火的理工男在實驗室熱烈地爭論原子模型[6]時，誰能想到三十年後廣島在火海中的哭喊？

這是合成圖，但意思你懂的 [7]

　　自從一九〇〇年普朗克發明「quantum」這個詞至今，量子終於從哲學辯論會的題材，變成魔法般的黑科技。基於量子糾纏，可以造出比現在快一億倍的量子電腦；而超距作用和貝爾不等式，則把量子糾纏變成加密通訊領域的終極武器。

　　改變世界的時刻，真的到了。

1. 原文為：If quantum mechanics hasn't profoundly shocked you, you haven't understood it yet.

2. 原文見費曼所著《*The Character of Physical Law*》第六章。

3. 區別在於這個宇宙模型是反德西特空間（Anti-de Sitter Space），時空曲率為負（二維的反德西特空間類似馬鞍面），不會膨脹或收縮。目前認為真實的宇宙時空曲率為正（二維時類似球面），且正在加速膨脹。

4. 證明的關鍵部分使用馬爾達西那提出的反德西特／共形場論對偶（AdS/CFT 對偶）。利用該理論，可將存在引力的三維反德西特空間映射到不存在引力的邊界二維空間，就像氣球內部的三維空間和二維的氣球膜一樣。兩者包含的資訊完全相等（全像原理），故可用不考慮引力的量子場論相對方便地計算低維空間中的物理系統，從而等效地計算三維反德西特空間中的量子引力。

5. 出自卡爾‧馬克思（Karl Marx）的《關於費爾巴哈的提綱》。

6. 指拉塞福模型，一九一一年由英國物理學家歐尼斯特‧拉塞福（Ernest Rutherford）提出。

7. 此為合成圖，背景為一九四二年七月十四日內華達沙漠原子彈「小男孩」試爆炸場景，前景（愛因斯坦騎車）攝於一九三三年二月六日，加利福尼亞州聖芭芭拉。

CHAPTER

4

終極密碼

從凱撒大帝（Julius Caesar）到神探夏洛特；

從納粹黨魁希特勒（Adolf Hitler）到 AI 之父圖靈（Alan Turing）……

通訊領域的終極密碼是怎樣誕生的？

西元前五四年，深冬。

高盧，畢布拉克德[1]。

羅馬共和國高盧行省省長──尤利烏斯·凱撒，藉著帳篷裡的燭火，正在一張羊皮上寫些什麼……

戰況緊急！

凱撒的愛將西塞羅（Cicero）已經被維爾納人圍困多日，再這樣下去，不是戰死，就是投降。

現在必須立刻派一名騎兵送信給西塞羅，命令他重整旗鼓，和自己的援軍裡應外合、合力突圍。

可是萬一這封信被敵人截獲怎麼辦？計畫不就暴露啦？想到這裡，他不由自主地停下筆。稜角分明的臉上，分明掠過一絲狡猾的微笑……

注釋

1. 現法國境內伯夫雷山。

Section 1　密碼簡史

　　羅馬史上第一位獨裁者、羅馬帝國之父、攻無不克的名將、日曆發明家[1]、拉丁語文學家[2]、埃及豔后克麗奧佩脫拉（Cleopatra）背後的男人[3]……除了這些聲名赫赫的傳奇事蹟，凱撒大帝還有一個鮮為人知的技能點：密碼學。

　　其實，大帝不是歷史上第一個想出加密演算法的人，據說姜子牙在三千年前就發明了古裝版密碼本《陰書》。西元前四世紀，古希臘人發明卷軸式密碼本《天書》；西元前五世紀的斯巴達漢子也會把皮帶捲在一根木棒上，只有特定直徑的「密碼棒」才能把皮帶上的字還原成明文。但今天我們仍舊把密碼學歸功於凱撒，是因為凱撒密碼很可能是首個廣泛運用到軍事通訊領域的加密技術。

　　凱撒密碼的原理，說白了就是一個詞：替換。

　　如果心裡想的是字母 A，紙上就寫 B；要寫 B，就用 C 代替。當然，我可以用 D 替換 A、用 E 替換 B，以此類推（偏移三個字母）。

一張圖秒懂凱撒密碼

只要收發雙方都知道偏移量是多少，就能輕鬆加密和解密，外人看到的無非是一堆亂碼。

上課傳小紙條，有了新招數。心裡想（明文）：I love U；老師看到（密文）：L oryh X。

今天看來，這種演算法極易破解，毫無技術含量可言。但在當年的羅馬戰場，就是令吃瓜群眾望而生畏的黑科技。

凱撒制霸羅馬的全盛時期，連教主耶穌都不得不服：「上帝的歸上帝，凱撒的歸凱撒。[4]」所謂「凱撒的歸凱撒」，是因為耶穌所在的中東地區（今以色列耶路撒冷）當時已被羅馬征服，人們必須用印著凱撒頭像的貨幣（凱撒的）向羅馬帝國[5]繳稅（歸凱撒）。

然而諷刺的是，這樣瘋狂酷炫還精通密碼諜戰的軍事天才，卻死於密謀政變，活生生被戳二十三刀[6]。為了紀念大帝，人們把凱撒製成撲克牌上的標本：方塊 K[7]。

又過了一千多年，凱撒大帝和他的羅馬帝國早已灰飛煙

滅，而凱撒密碼和撲克牌卻被後人發揚光大。

尤利烏斯·老 K 凱撒

注釋

1. 一年十二個月、每年三百六十五天、四年一閏，這些都起源
   於凱撒。自西元前四五年一月一日起，凱撒用儒略曆（Julian
   Calendar）取代羅馬舊曆。有個月分就是凱撒的名字：July，因為
   凱撒生於七月。

2. 凱撒寫的《高盧戰記》和《內戰記》，現在都是拉丁語文學歷史名
   著。凱撒發給元老院的一封只有三個詞的捷報就是家喻戶曉的名
   言：我來，我見，我征服（Veni, Vidi, Vici）。

3. 凱撒征服埃及時被皇后克麗奧佩脫拉「征服」，將其扶上王位成為
   埃及女王，與她育有一兒一女。凱撒死後，埃及豔后投靠凱撒麾下
   大將馬克·安東尼（Mark Antony）。爭奪羅馬王位的戰爭中，安
   東尼被屋大維（Augustus）擊敗後自刎，克麗奧佩脫拉用毒蛇自殺
   （傳說），她和凱撒的子女被屋大維斬草除根。

4. 見《聖經‧新約》馬太福音。

5. 準確地說，凱撒時代的羅馬仍稱「共和國」而非「帝國」，羅馬帝國是在凱撒死後，由他的繼承人屋大維建立。不過，凱撒統治下的羅馬已經成為事實上的帝國前身。

6. 西元前四四年三月十五日，凱撒參加元老院會議時，被六十名元老院議員圍住刺殺。但凱撒之死未能阻擋羅馬從共和國變成帝國，凱撒的姪子屋大維後來成為羅馬第一個皇帝。

7. 其他各位老 K 的來頭都不小：紅桃 K 是法蘭克國王查理曼大帝（Charlemagne），黑桃 K 是以色列國王大衛王（David，沒錯，正是肩上搭著「搓澡巾」的那個雕塑），梅花 K 是馬其頓國王亞歷山大大帝（Alexander the Great）。只有方塊 K 的國王是側臉，因為羅馬帝國硬幣上印的就是凱撒的側臉。

原版的凱撒密碼是用字母替換字母，而且所有字母還是按照偏移量順序替換，極大地降低破解難度。

到了維多利亞時代，這兩個弱點終於有所改進。於是，連福爾摩斯逮到的一個普通黑幫小弟，都學會原創這種密碼。

我們來看看，傳說中的福爾摩斯如何破解這種圖形密碼。

第一張紙條

英文字母中 E 最常見，第一張紙條上的十五個小人，其中有四個完全一樣，因此猜它是 E。

這些圖形中，有的帶小旗，有的沒有小旗。從小旗的分布來看，帶旗的圖形可能是用來把這個句子分成一個個單詞。

初次破譯後

現在最難的問題來了。

因為，除了 E 以外，英文字母出現次數的順序不太清楚。要是把每一種組合都試一遍，會是一件痛苦無止境的工作。

只好等新材料到了再說。

新材料來了：第二張紙條

　　根據似乎只有一個單詞的一句話，我找出第二個和第四個都是 E。

　　這個單詞可能是 sever（切斷），也可能是 lever（槓桿），或者 never（決不）。

　　毫無疑問，使用 never 這個詞回答一項請求的可能性極大，所以其他三個小人分別代表 N、V 和 R。

===== 我是推理結束分割線 =====

　　如此這般以此類推，福爾摩斯利用上下文逐個擊破（主角光環加持），迅速破譯全部五十二個密文。

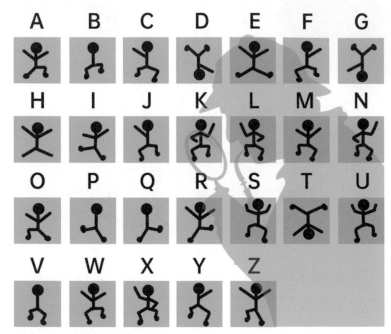

《小舞人探案》解讀表

　　所有基於替換法的加密演算法，都有一個致命弱點。凡是用字母構成的文字，字母分布都要符合語言規律，例如英文單詞中 E 最常見，Z 和 X 最罕見。無論把字母替換成多麼奇葩的東西，符號的分布規律永遠不會變。用機率統計＋窮舉法＋玩填字遊戲的基本技巧，任何密文的破解只是時間問題。

　　就當大家都以為凱撒密碼的發展已經走到盡頭時，德國人亞瑟・謝爾比烏斯（Arthur Scherbius）卻為替換式密碼進行大升級，造就有史以來最可靠的加密系統。就是一度令盟軍絕望

的噩夢，讓希特勒成也蕭何、敗也蕭何的二戰諜報神器：恩尼格瑪密碼機（Enigma）[1]。

二戰時期德軍使用的恩尼格瑪密碼機

注釋

1. Enigma 常譯為「恩尼格瑪」或「英格瑪」，德語意為「謎」，恩尼格瑪密碼機又被稱為「奇謎」。

恩尼格瑪密碼機到底哪裡厲害？

一、機器加密

這是世界首臺全自動加密機器，而此前編碼、解碼一直靠人力。用機器的好處不僅省時、省力，而且可以輕鬆搞定人力難以企及的複雜演算法。

二、複式替換

雖然基礎原理和凱撒密碼相同，但恩尼格瑪的字元替換方式卻升級不只一個等級：複式替換。

恩尼格瑪的精髓在於「編碼器」，透過「旋轉盤」轉動的方式即時改變替換方式。一個旋轉盤有二十六檔[1]，每一檔代表一種替換模式，例如：

第一檔：把 A 換成 B、B 換成 C、C 換成 D……

第二檔：把 A 換成 Z、B 換成 Y、C 換成 X……

第三檔：把 A 換成 Q、B 換成 G、C 換成 D……

如果單獨看每一檔，不過是最簡單的凱撒替換法而已；但

每敲一個字，旋轉盤就像左輪手槍一樣轉動一檔，自動切換成不同的替換模式。輸入二十六個字母後，每個字使用的替換模式都不同，讓依賴頻率分析、機率統計的破解方法從此無的放矢，這就是複式替換的威力。

也就是說，如果你連打三個 A，凱撒密碼的密文可能是 BBB，也可能是 CCC；無論把 A 替換成什麼字，三個相同字母加密後必然相同。但恩尼格瑪的密文卻可能是 BZQ，這是大帝永遠做不到的。

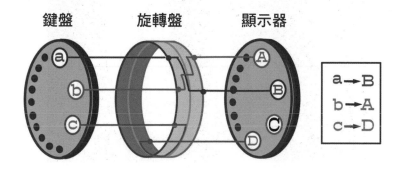

原版的恩尼格瑪密碼機只有一個旋轉盤，輸入二十六個字母後，從第二十七個字母開始的加密模式，又迴圈回到最初的模式。也就是說，複式替換的加密模式是有限的，會產生重複。二戰時期，德軍為了萬無一失，把旋轉盤加到三個，這樣加密 26×26×26 = 17,576 個字母後才能走完一次迴圈。

更變態的是，創始人謝爾比烏斯想出一個新招：把每個旋轉盤都做成可插拔的，三個旋轉盤可以互換位置，排列順序會

改變加密模式。例如，【旋轉盤一｜旋轉盤二｜旋轉盤三】和【旋轉盤三｜旋轉盤二｜旋轉盤一】的加密結果會完全不同。這樣一來，加密模式增加六倍，三個旋轉盤所有可能的設置，高達 $26 \times 26 \times 26 \times 6 = 105,654$ 種組合。

還沒完，謝爾比烏斯又出第二招：在鍵盤和編碼器之間加一塊「接線板」，可以臨時將個別字母的加密方式對調。例如設置 A 和 B 對調，原來 AAA 加密後的密文 BZQ 就會變成 CYG（本章前文提到 AAA、BBB 的密文可能性）。二十六個字母中，可以選擇任意六對字母進行對調。光是對調這一招，就產生 100,391,791,500（約等於一千億）種變化。

那麼，恩尼格瑪到底有多少種加密模式呢？

僅編碼器就有 105,654 種不同組合，再乘以接線板的 100,391,791,500，等於 10,586,916,764,424,000。

眼花了吧！這個天文數字約等於一後面跟十六個零：一萬兆。

如果純靠碰運氣瞎猜，就算不吃不喝、每秒鐘測試一種加密模式，也要花三億多年才能把恩尼格瑪的所有模式全部試一遍。這樣一來，連窮舉法暴力破解的一線希望都破滅了。

這麼複雜的加密系統，解密時卻和密碼鎖一樣簡單：只需再拿一臺恩尼格瑪，把三個旋轉盤的位置撥到和寄件者機器相同，將密文再加密一次，就能自動還原成明文。二十一世紀的現代人恐怕難以想像，在那個連積體電路都沒有的時代，如此精妙的設計竟是用齒輪和電線實現的，發明家的巧思實在令人嘆為觀止。

不過，發明複式加密的並非只有謝爾比烏斯，當時至少有三位發明家都研發以轉輪編碼器為核心技術的加密機器，但他們的境遇卻令人唏噓。

最早脫離的是荷蘭人亞歷山大·科赫（Alexander Koch），因為找不到客戶，八年後（一九二七年）賣掉自己的專利；入坑最深的是美國人愛德華·赫本（Edward Hebern），約一九二〇年投資三十八萬美元（相當於一千多萬新臺幣）建廠量產加密機，最終只賣掉十二臺；最慘淡的要屬瑞典人阿爾維德·達姆（Arvid Damm），至死都無法把產品賣出去，連專利都

沒人要……

　　一項跨時代的發明竟淪落到如此下場，為什麼？答案很簡單：市場不買單。一臺基礎款恩尼格瑪的價格相當於八十七萬新臺幣，想說服甲方乖乖下單沒那麼容易。當然，根本上還是因為客戶覺得沒用。傳統的加密手段雖然簡單，但夠用就好，何必把錢浪費在「加密」這件小事上呢？

　　當全世界都嫌複式加密又貴又沒用時，只有德國這個心機男孩，二十年間豪購三萬多臺恩尼格瑪密碼機，而且是軍方專用的高級加強款。謝爾比烏斯公司僅這一款產品的銷售額，至少高達二百六十億新臺幣[2]。正是歐美列強的短視和謝爾比烏斯的天才，讓德國人的恩尼格瑪一枝獨秀，成為當年地表最強的諜戰神器，號稱「領先全世界十年」毫不為過。

　　接下來的故事，想必大家都知道了：有了「最增強式加密」的加持，德軍用摧枯拉朽的「閃電戰[3]」席捲歐洲，打的就是出其不意、攻其不備。天下武功，唯快不破。如果不能破解德軍的情報、早一步做好防禦準備，要想反制武裝到牙齒的德軍裝甲部隊難如登天。

　　正因為恩尼格瑪在當時太過逆天，以至於德軍從此高枕無憂，以為盟軍這輩子都別想破解。

　　他們說得沒錯，單憑人力是不可能贏過恩尼格瑪密碼機。

　　能夠破解這臺機器的只會是另一臺機器，一臺算力更強大的機器。

1. 因為二十六檔每檔刻著一個字母,所以你可以把第一檔稱為 A 檔, 第二檔叫 B 檔,以此類推。

2. 悲劇的是,謝爾比烏斯卻沒有因此走上人生巔峰——他連自己產品 的成功都未曾看過。一九二九年,謝爾比烏斯死於一場車禍,沒 錯,馬車。

3. 德語 Blitzkrieg 是指採用移動力量迅速發起出其不意的進攻,在敵 人組織防線前取得勝利,德軍在二戰中大規模使用此戰術。

電影《模仿遊戲》中，馬拉松運動員圖靈[1]於一九四一年發明的機器解碼，用機器暴力窮舉徹底擊敗恩尼格瑪。一臺解碼機只需十幾分鐘就能破譯一條加密資訊，英國人每天破譯三千條德軍情報，從此軍情六處[2]把德軍的情報徹底研究。直到盟軍諾曼第登陸，德國人還沒有反應過來，他們正是被自己的傳家寶害死的。

電影海報裡，福爾摩斯扮演的圖靈意氣風發地站在他的解碼機前，帶領著布萊切利園[3]的小夥伴們各顯神通，一舉扭轉戰局、改變世界 —— 看上去就無敵了嗎？

平心而論，這是不錯的電影，算是遲到已久的道歉[4]。也許唯一的遺憾是，它有意無意地隱藏一個真相：

圖靈不是第一個破譯恩尼格瑪的人，早在他到布萊切利園的七年前（一九三二年），就有一位年輕的波蘭數學家破譯了恩尼格瑪。就連圖靈背後的那臺神奇的解碼機，最早也是出自此人之手。只是，在圖靈耀眼的光輝下，他的名字早已被世界遺忘。

他就是圖靈背後的男人：馬里安・雷耶夫斯基（Marian

Adam Rejewski）。

佐加爾斯基　　　魯日茨基　　　雷耶夫斯基

波蘭密碼學三傑

　　傳統的頻率分析破譯法[5]徹底失效後，雷耶夫斯基第一個找到突破口。當時，德軍的加密規則是這樣的：

　　每月發一本密碼本，上面印著這個月每天用的金鑰（當天金鑰）。例如，今天的金鑰是 XYZ，先把三個旋轉盤分別撥到 X、Y、Z 檔，然後隨便敲三個字母（例如 ABC），恩尼格瑪就會輸出加密後的密文（例如 BYD），這個 ABC 就是「資訊金鑰」。接下來，再把三個旋轉盤撥到 A、B、C 檔，開始正式寫信。

情報內容其實是被資訊金鑰加密的，收件人要用 ABC 才能解鎖。但他怎麼知道我隨手打的三個字是 ABC 呢？很簡單，只要和收件人約好，把 ABC 對應的密文 BYD 放到每封信的開頭。拿到信，先用當天金鑰把 BYD 解密為 ABC，就得到打開這封情報的真正鑰匙。

德軍這種「雙重加密」的玩法，其實相當心機。一來，雖然當天金鑰只有一個，但發出的一千封情報的資訊金鑰全部不同，就算破譯一封信，還有九百九十九封等著你。二來，當天金鑰雖然直接寫在情報裡，但卻是加密過的，讓你看得到、猜不到。

可德國人萬萬沒想到，這套精心設計的加密體系，最終竟毀於一個微不足道的細節。

波蘭人知道德國人有個好習慣，喜歡把重要的事情說兩遍：每條資訊的開頭，把金鑰重複兩次。也就是說，每封信開頭的六個字母，其實是三個字母用當天金鑰加密兩次的結果。例如，ABCABC 可能被加密為：BYDKWE。

這就是恩尼格瑪的獨門絕技：同一個字母加密兩次會變成兩個不同字母。就算你知道密文中第一個字母 B 和第四個字母 K 是相同字母加密兩次產生的，還是無法反推出原文是什麼啊！

這個在別人眼裡毫無意義的線索，卻被雷耶夫斯基牢牢盯住。接下來，他蒐集所有當天用同一金鑰加密的情報，把第

一、第四這兩個位置上字母的所有對應關係補齊：

第一個位置	A	B	C	D	E	F	G	H	……
第四個位置	F	K	A	G	H	C	E	D	……

你有沒有發現上、下兩排的字母暗藏一種環形鏈條：上排的 A 對應下排的 F，上排的 F 對應下排的 C，上排的 C 對應下排的 A──就像接龍一樣，鏈條繞回起點。

我們列出上面這個表格中 A－H 的所有鏈條：

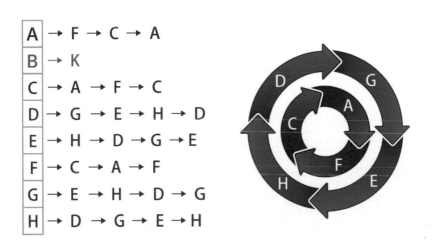

B→K 的鏈條牽涉到其他未列出的字母，暫且拋開不談。剩下的七條鏈可以歸納為兩個環：AFC（長度為三個字）和 DGEH（長度為四個字）。例如，A→F→C→A 和 C→A→F→C 屬於同一個環 AFC，只是頭尾位置不同。

看上去挺神奇……不過，這和破譯密碼有什麼關係？雷司機啊！我懷疑你在開車，雖然我沒有證據。

　　別急，重點來了：雷司機發現，環的數量和長度只與編碼器有關，與接線板無關，這兩大特徵就是編碼器的「指紋」。

　　恩尼格瑪有一萬兆種加密模式，這個恐怖的數位＝編碼器的十萬種組合 × 接線板的一千億種。現在雷司機告訴我們，無論接線板怎麼變，只能改變組成環的字母，而不會改變有幾個環、每個環裡有幾個字。

　　這下子「一萬兆」中，接線板的「一千億」被一刀砍掉，剩下要對付的只有編碼器的「十萬」了。

　　是不是瞬間感覺輕鬆許多？

　　現在，儘管有編碼器指紋，但光憑抽象的指紋特徵不能還原密文，還必須找出每個指紋對應的編碼器具體設置才行。不過，這個問題比環、鏈等簡單多了。例如，雖然我們不能根據指紋反推出凶手長什麼樣子，但我們可以採集所有嫌疑人的指紋，看誰的匹配不就行了？

　　每人發一臺恩尼格瑪，把十萬種編碼器模式全部試一遍，採集每種編碼器設置對應的指紋，匯總到資料庫即可[6]。只要人手足夠，這件事就是個體力活。不過，雷司機最喜歡親手製造輪子啦！他發明一臺「反向恩尼格瑪」，自動轉動編碼器轉子，十萬種模式全試一遍只需兩個小時[7]。從早上六點德軍發天氣預報開始，八點就能破解出「當天金鑰」，把一天的所有

情報盡收眼底 [8]。

由於這臺解碼機在運轉時會發出炸彈倒計時般的「嘀嘀」聲，被雷司機和他的小夥伴們戲稱為「炸彈機」（bombe）。《模仿遊戲》的電影海報裡，圖靈身後那臺巨大的機器，就是波蘭炸彈機的二・〇版。

早在德國發動二戰前，雷司機就完成所有工作，每天一邊聽著機器「嘀嘀」叫，一邊刷著德國人的情報 —— 這樣下去，眼看就要沒他的事了。但造化弄人，就在即將開戰前，心眼頗多的德國人突然大幅升級恩尼格瑪，把編碼器數量從三個加到五個 [9]，排列組合的數量變成原來的六十倍。

破譯原理依舊相同，只是需要六十倍算力，需要六十臺炸彈機，需要波蘭情報局十五年的經費。但波蘭人沒有錢，更沒有時間了！希特勒垂涎波蘭已是司馬昭之心，路人皆知，戰爭隨時可能爆發。為了讓這個生命般珍貴的發明不要毀於戰火，為了替歐洲留下一顆希望的火種，自身難保的波蘭把祕密對英、法兩國傾囊相授。兩週後，希特勒進攻波蘭；一個月後，波蘭淪陷。雷耶夫斯基等「波蘭密碼三傑」逃亡羅馬尼亞，從此開始顛沛流離的生活。

歐洲的另一邊，陽光明媚的倫敦布萊切利園，圖靈的傳奇翻開新的一頁。

從德軍每天早上雷打不動的天氣預報裡，圖靈找到新的線索。因為天氣預報中總得有「天氣」二字（德語 wetter），很

容易找到對應的密文。即使後來德軍改掉「重要的事情說兩遍」的習慣[10]，也有新的線索可以利用——圖靈稱為「小抄」（crib）。

「小抄」的隻言片語中，圖靈發現和雷耶夫斯基的環鏈類似的結構。例如，假設 WETTER 對應的密文是 ETWABC，意味著恩尼格瑪編碼器分別用三種模式把前三個字母 WET 做了如下加密：

模式一：把 W 加密為 E

模式二：把 E 加密為 T

模式三：把 T 加密為 W

只要在小抄中發現這樣的環路結構，圖靈就能用神奇機器破譯原文。他用電線把三臺恩尼格瑪首尾相接，連成一個回路：電流輸入第一臺恩尼格瑪，觸發鍵盤按下 W 鍵，產生一個加密後的字母；這個字母又被輸入第二臺恩尼格瑪，加密後的字母輸入第三臺。

為什麼要用三臺機器呢？因為每一臺對應著把 WET 變成 ETW 的三種未知的加密模式。

每當德軍發報員按下一個鍵，恩尼格瑪就切換一種新的加密模式。所以，一號機用來模擬德國人敲第一個字 W 時那臺恩尼格瑪的加密模式；以此類推，二號機模擬輸入第二個字 E 時的模式，三號機類比輸入 T 時的模式。恩尼格瑪每敲一個鍵，編碼器齒輪（旋轉盤）會自動轉一檔，所以這三臺模擬機

之間是有關聯的，兩兩之間旋轉盤檔位相差一檔。

　　如果剛好出現這種狀況：第一臺機器把輸入的 W 變成 E，第二臺把 E 變成 T，同時第三臺把 T 變成 W，這時一號機的加密模式，一定和德軍發報員按下 W 時的那臺恩尼格瑪模式相同 [11]。這時，只要在這臺機器上輸入密文 ETWABC，就會輸出原文 WETTER！[12]

　　最絕妙的是，要找出這種設置，不需要嘗試恩尼格瑪全部的一萬兆種組合。圖靈把三臺模擬機頭尾相連的做法，正好使得接線板的作用兩兩抵銷，所有變化只剩下編碼器的十萬種。和雷耶夫斯基異曲同工，圖靈找到另一種把加密模式總量砍掉一千億倍的竅門。在波蘭人的基礎上，圖靈製造出二．〇版的「炸彈機」。當十幾臺炸彈機在布萊切利園滴答作響時，一小時內就能破解德軍的當天金鑰。

　　這臺用於破譯密碼的機器，就是現代電腦的前身 [13]。

　　就在希特勒對恩尼格瑪深信不疑的同時，溫斯頓．邱吉爾（Winston Churchill）把賭注押在圖靈這個「下金蛋的鵝」身上。一臺炸彈機造價十萬英鎊，相當於今天的四百萬新臺幣；此外，還需要各領域的大量人手……圖靈需要的巨額經費被上級擋住，結果圖靈夠自信、敢越級，居然寫信給邱吉爾打小報告。出乎眾人意料的是，邱吉爾毫不猶豫地批覆：「即日行動。務必以最高優先順序，立即滿足他們的所有需求。辦妥後向我回報。」

從此，圖靈擁有令波蘭人望塵莫及的資源。到了一九四二年，布萊切利園有四十九臺炸彈機和一萬多名解碼員，德軍的一舉一動盡在掌握之中。然而，為了不讓希特勒起疑，邱吉爾沒有立即展開反擊，反而故意讓敵人得手幾次，甚至明知德軍即將空襲考文垂卻按兵不動 [14]。但在關鍵戰役上，英倫空戰、大西洋海戰和北非反擊戰，英軍都大獲全勝，德國人其實是貪小便宜、吃大虧。歐洲幾乎全部淪陷的至暗時刻，小小的英倫三島成為盟軍最後的堡壘，一直堅守到大逆轉的那一天 [15]。後人評價，圖靈破譯恩尼格瑪之功，至少讓二戰提前兩年結束。

　　和一戰成名的圖靈相比，雷耶夫斯基後來如何呢？戰後，他輾轉回到祖國波蘭。有人說他在大學當行政，有人說他在工廠當會計，總之，雷司機過著默默無聞的生活，對自己驚心動魄的前半生隻字不提。有詩為證 [16]：

十步殺一人，
千里不留行。
事了拂衣去，
深藏功與名。

　　除了波蘭軍方的少數高層，沒人知道這個戴眼鏡的小老頭竟然是當年的王牌特工。由於英國政府對破譯細節嚴格保密，就連雷司機都不清楚圖靈是如何破解恩尼格瑪。直到二十世紀

七〇年代部分資料解禁，年近七旬的老雷才從一本暢銷書發現，原來圖靈就是站在自己的肩膀上，給希特勒最後一擊。不過在他眼裡，這些浮名向來無足輕重。當他回首一生，可以自豪地說：「我的生命和全部精力都獻給了世界上最壯麗的事業——為人類的和平事業而奮鬥。」

一九五四年，圖靈自殺。一九八〇年，雷耶夫斯基逝世。二〇〇〇年，波蘭政府向「波蘭密碼三傑」雷耶夫斯基、耶日·魯日茨基（Jerzy Różycki）和亨里克·佐加爾斯基（Henryk Zygalski）追授波蘭最高勳章。二十世紀的密碼學巨星早已隕落，他們在波瀾壯闊的歷史長河裡完成自己的使命。現在，能自動解密的「炸彈機」變成更強大的電腦，而恩尼格瑪代表的複式替換加密從此跌落神壇、萬劫不復。

新的時代，新的太陽即將升起。

注釋

1. 圖靈熱愛運動，在馬拉松項目上頗具天賦。最好成績為二小時四十六分，但因傷失去參加一九四八年倫敦奧運會的資格。目前，男子馬拉松的世界紀錄為埃利烏德·基普喬蓋（Eliud Kipchoge）於二〇一九年創造的一小時五十九分四十秒。
2. MI6，陸軍情報六局的簡稱，英國情報機構，也是電影007的原型。
3. Bletchley Park，位於英格蘭米爾頓凱恩斯布萊切利鎮內的別墅，二戰時期被英國政府徵用做為密碼破譯人員的辦公地，現在為博物館向公眾開放。

4. 一九五二年，英國警方因圖靈的同性戀行為將其定罪，並用雌激素注射對他進行化學閹割。兩年後，身心備受摧殘的圖靈咬了一口浸過氰化物溶液的毒蘋果自殺。直到二〇一三年十二月二十四日，英國女王伊麗莎白二世（Elizabeth II）終於頒布特赦令為圖靈平反。二〇一七年一月三十一日，艾倫‧圖靈法生效，約四萬九千名歷史上的「同性戀犯」被一併赦免。

5. 還記得《小舞人探案》嗎？福爾摩斯就是用頻率分析法破譯密文。

6. 機智如你，也許會想到文中漏掉的問題：就算用正確的編碼器設置把密文破譯了，但沒有排除接線板的影響啊！其實，接線板在二十六個字母中對調六對字母只能發揮一定的干擾作用，使得破譯後的明文中某些字母相反，例如 Hello 變成 Holle，這些「錯別字」很容易被人腦這臺天然 AI 人肉更正。

7. 事實上，當時雷耶夫斯基用六臺機器同時運轉才能達到這個速度。

8. 德軍的老習慣：每天換一次金鑰，當天所有情報用同一個金鑰加密。

9. 恩尼格瑪機器上仍然只能放三個旋轉盤，加密者需要從五個旋轉盤中選三個裝到機器上。

10. 一九四〇年五月十日起，德軍改變加密模式，情報開端不再有重複加密兩遍的金鑰。

11. 同理，此時二號機與發報員按下 E 時的恩尼格瑪模式相同，三號機與按下 T 時的模式相同。

12. 恩尼格瑪既是加密機也是解密機，把密文反向輸入就是解密。

13. 「炸彈機」無法透過程式設計執行通用任務，所以嚴格來說不能算第一臺電腦。但啟發下一代可程式設計解碼器「巨人」（一九四三年），最終誕生第一臺電子數值積分計算機 ENIAC（一九四六年）。

14. 一九四〇年十一月十二日，希特勒命令德軍出動五百架飛機轟炸考文垂，行動代號「月光奏鳴曲」。此舉一為摧毀考文垂的工業

設施，二為試探英軍是否有破譯恩尼格瑪的可能。英軍完全有能力調兵防禦，但這樣就驗證德軍的懷疑，暴露恩尼格瑪已被破解的事實。邱吉爾最終決定棄卒保車，不做任何增援。十一月十四日夜，德軍轟炸機投下五萬枚炸彈，將考文垂市區夷為平地。市民死傷五千餘人，五萬間房屋化為灰燼。

15. 即一九四四年六月六日，諾曼第登陸日（D-Day）。

16. 出自李白〈俠客行〉。

加密通訊的整個體系中，存在一個阿基里斯之踵[1]：密碼本。對於最常用的替換式加密，密碼本就是明文對應密文的字典。一旦敵人拿到密碼本，整套加密體系便不攻自破。為了降低洩密風險，能接觸到密碼本的人自然愈少愈好。

可問題是如何減少？最起碼臥底們必須人手一本，否則用什麼加密通訊呢？

然而實戰中發現，有時最容易被攻破的不是演算法，反而是人。一旦密碼本洩露，整套加密體系便不攻自破。

為了在加密和破解的無盡賽跑中時刻保持領先，密碼本必須定期更換。二戰時期，德軍最高司令部每個月都會換一次密碼本，每天換一次金鑰。這一招曾令圖靈和小夥伴們頭疼不已：我還沒破解完，你又換密碼本，之前不都白幹了嗎？

不過，當所有人都養成勤換密碼本的好習慣後，問題又來了：怎麼把新一期的密碼本發給同伴呢？

無論是用網線、電話線、無線電或任何通訊方式發送，都有被竊聽截獲的可能，否則我們不需要折騰加密通訊了。如果冒險把密碼本用明文發送，簡直等於自殺：一旦被截獲，我方

的情報將徹底暴露。

　　也許，我們可以把密碼本自身加密再發。但用來加密密碼本的那個二號密碼本又怎麼辦？是不是用三號密碼本再加密一遍？

　　看來，還是老辦法最穩妥：找個可靠的同伴，讓他帶著密碼本去和每個在基層潛伏的地下工作者接應，親自把密碼本送到對方手裡。雖然成本高、速度慢，但好像也只能這樣了。

　　只可惜，很多情況下，這個最穩妥的笨辦法在現實中恰恰做不到。例如，德軍司令部和正在前方執行任務的潛艇之間需要加密通訊，也需要定期換密碼本 —— 你告訴我怎麼把新密碼本送到潛艇上？游過去嗎？

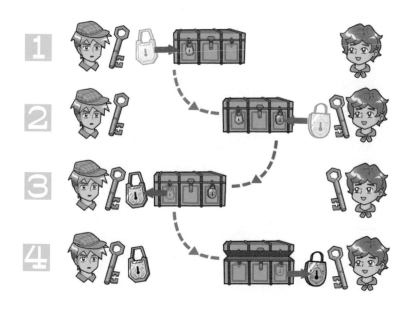

所以，二戰後的密碼學家們發現，他們打造的整個加密鏈條中最薄弱的一環，居然就是密碼本自身。有了加密通訊，可以用密碼本保護情報的安全，可是密碼本是情報的一部分，拿什麼來保護密碼本的安全呢？

　　面對這道無解的難題，有人想出天才的主意：既然我們擔心密碼本在發送途中被截獲，乾脆不要發密碼本。

　　把密碼本想像成一把鑰匙，把加密後的密文想像成一把鎖。密文需要密碼本解密為明文，就像箱子需要鑰匙開鎖才能打開一樣。按照傳統思維，這邊上鎖的箱子要讓那邊能打開，我總得把鑰匙寄給你才行，這樣就產生密碼本被截獲的風險。

　　但是，現在讓我們換一種操作（見 P.163 圖）：

第一步：我先把上金鎖的箱子寄給你，但不給你鑰匙。當然，這時你肯定打不開。

第二步：你在箱子上加一道銀鎖，把箱子寄還給我。你留著這把銀鎖的鑰匙，別寄給我。

第三步：我收到一個掛著兩把鎖的箱子，但我只有金鑰匙，只能打開我上的那把金鎖。我用金鑰匙開鎖，再把箱子寄給你。

第四步：最終，你收到箱子時，上面只有一把鎖——正是你的那把銀鎖。你用銀鑰匙解開，就能取出箱子的絕密文件。

整個傳送過程中，箱子上始終掛著至少一把鎖，說明資訊始終是加密的，別人就算截獲箱子也打不開；但我從來沒有把鑰匙寄給你，你也沒有把鑰匙寄給我，無須擔心密碼本的安全。

震驚嗎？就是這麼簡單！原來，我們根本不需要傳送密碼本，就能實現加密通訊了。

更令人震驚的是，這麼簡單好用的辦法，現實的加密通訊中，竟然根本無法實現。

問題就在於「順序」二字，當我收到有兩把鎖的箱子時，其實已被你、我二人先後加過兩次密（加鎖）：

第一次是我加的金鎖，第二次是你加的銀鎖。如果是一個真實的箱子，我當然可以打開金鎖，但在真正的加密通訊中卻不能。因為，第二次加密是在第一次加密後生成的密文基礎上加密，相當於把上金鎖的箱子裝進另一個箱子，再用銀鎖鎖上，原來的箱子和金鎖一起都被加密了！

我怎麼可能在不開銀鎖的前提下，只打開裡面那層箱子上的金鎖呢？

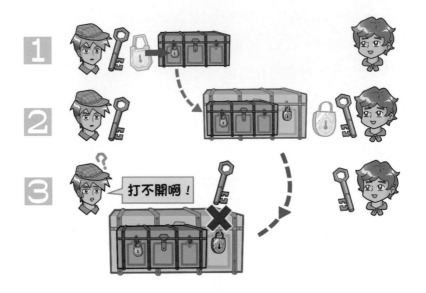

　　加密的順序是先 A 後 B，解密的順序必須先 B 後 A。如果不按順序，非要霸王硬上弓，最後解出來的只會是一堆亂碼。

　　看來，我們只能「返璞歸真」了。一直以來，只有政府、軍隊和大企業用得起加密通訊，因為單單派送密碼本實在太花錢。二十世紀七〇年代，銀行和大客戶之間做加密通訊，還是靠當面送密碼本：銀行派出公司最信任的員工，他們帶著上鎖的手提箱，跑遍全世界，就為了讓客戶在接下來的幾週能夠接收銀行發過來的加密資訊。

　　唉，天下到底有沒有一種既方便快捷，又便宜好用，還能真正杜絕密碼本洩露的加密方法呢？

也許，這道題目真的無解啊！

不過別忘了，歷史已經無數次告訴我們：當所有人都認為無解時，換個思路，往往就是柳暗花明、醍醐灌頂的時刻。

注釋

1. 古希臘神話中的超級英雄阿基里斯（Achilles），全身刀槍不入，唯一的弱點是腳後跟。特洛伊戰爭中，被特洛伊王子帕里斯（Paris）暗箭射中腳後跟狙殺。

Section *6* 全民加密

　　傳統密碼學中，無論採用何種加密演算法，都默默遵循著一個思維定式：加密和解密是可逆的。

　　也就是說，只要知道如何加密，就一定知道如何解密，反之亦然，這被稱為「對稱密鑰加密」。

　　然而，世間還存在一種「非對稱加密演算法」（RSA）：我可以把加密方法向全世界公開（公開金鑰），但解密方法（私密金鑰）只有我知道。誰想傳資訊給我，只需用公開金鑰加密後發給我即可。別人只知道如何加密，但不可能據此推出如何解密。

　　還是用箱子和鎖的例子：

　　第一步：我發明一種神奇的鎖，不需要鑰匙，用手扭一下就能鎖死，但開鎖必須用鑰匙。

　　第二步：聽說你要傳一份絕密檔給我？先寄一把鎖給你，我留著鑰匙。

　　第三步：你把文件放箱子裡，用我給你的鎖把箱子鎖上。現在，你肯定打不開箱子，因為鎖在你那裡，但鑰匙在我這。

第四步：你把箱子寄給我，我能打開。因為鑰匙始終在我手裡，而我沒有把鑰匙給過任何人，所以我們倆在不傳送密碼本（鑰匙）的前提下完成一次非對稱加密通訊！

聽上去很簡單對吧？可是在一九七五年以前，人類使用加密通訊的幾千年歷史中，好像從未有人想到這一點。當全世界的特工都在為一本小小的密碼本爭得你死我活時，只有一個人想到：密碼本可以由兩本組成，一本公開人手一份，一本藏好絕不外露。也許，世界上最大的阻力稱為思維定式，最勇敢的人稱為第一個吃螃蟹的人。

第一個吃螃蟹的人就是當年三十一歲的惠特菲爾德‧迪菲（Whitfield Diffie）[1]。一九七五年的夏天，他的大腦被「非對稱加密演算法」這道閃電擊中。石破天驚的一刻，他意識到這個發現將顛覆人類幾千年的密碼學，意識到原本一事無成的自己原來注定要改變世界。他激動到不能自已，於是在家門口站了幾個小時等老婆回家，只為了在第一時間對她說一句：「我有一個偉大的發現，我是第一個想出它的人！」

然而，即使迪菲也不能解決他的創想中最關鍵的一步：非對稱加密演算法的成立前提是，知道如何加密（需要公開金鑰），卻無法反推出如何解密（需要私密金鑰）。如果是替換字母之類的普通加密，只要反向替換就能解密，加密和解密永遠是可逆的。究竟是什麼樣的神奇演算法能做到「不可逆」的

加密呢？

　　全世界的密碼學家苦苦尋覓兩年後，才有人找到這個不可逆加密演算法 [2]，而且在原理上驚人地簡單。基於一個數學事實：將兩個大質數 [3] 相乘十分容易，但對乘積做因式分解、還原成兩個質數卻極其困難。數字愈大，困難級別指數上升。

　　RSA 加密用的公開金鑰，就是兩個質數的乘積 [4]；解密用的私密金鑰，是由這兩個質數推算而得。要想從公開金鑰反推出私鑰，只有一個方法：猜出公開金鑰究竟是哪兩個質數的乘積。對質數乘積做因數分解沒有公式可以套用、沒有技巧可循，只能一個一個試錯，把從三開始由小到大的質數逐個測試，直到正巧碰到某個質數能整除為止。兩個質數相乘只需做一次乘法，可能用不了電腦一毫秒的時間；但對這個巨大的乘積做因數分解卻要做無數次除法，耗時幾年都很正常 —— 這就是「非對稱」、「不可逆」的根源。因此，把兩個大質數乘積做為公開金鑰公開非常安全。

　　舉個例子：$37 \times 97 = 3{,}589$ 小學生都會手算，但 3,589 是哪兩個數的乘積？是不是想找計算器按個十分鐘？如果覺得靠狗屎運能湊出答案，你可以挑戰一下：

12301866845301177551304949583849627207728535695953
34792197322452151726400507263657518745202199786469389956474942774063845925192557326303453731548268507917026122142913461670429214311602221240479274737794080665351 41

9597459856902143413。

你能看出它其實是 3347807169895689878604416984821269081770479498371376856891243138898288379387800228761471165253174308773781446799489 和 367460436667995904282446337996279526322791581643430876426760322838157396665112792333734171433968102700927987363308917 的乘積嗎？

對稱加密時代，密碼本只能人手一本；有了 RSA，真正的密碼本（私密金鑰）只要總部的領導一個人知道就行，在各地臥底的特工靠公開金鑰就能加密發密文。

這就是為什麼 RSA 能在短短四時年內取代流傳二千多年的凱撒大帝，成為當今世界全民加密的事實標準：方便。

網購時，瀏覽器用公開下載的公開金鑰把你的付款資訊加密發送給伺服器，伺服器用沒人知道的私密金鑰解密資訊，這一切是在你沒有絲毫察覺的情況下悄然完成的。如果沒有 RSA，馬雲只能上門親自送密碼本啦！

更厲害的是，RSA 還是一個相當堅固的加密演算法。例如上面用來嚇人的數字，有二百三十二位（七百六十八位元），這已經是當今地球上所有電腦加在一起能分解的最大整數了。而網上隨便申請一個免費的 https 加密證書，長度都有二〇四八位元。

回顧人類幾千年來的密碼學成果後，請你把它們統統忘掉，因為現在無敵的量子通訊來了。它靠的不是逆天的演算

法，僅是靠兩枚神奇的硬幣。

注釋

1. 二〇一五年圖靈獎得主，現任浙江大學網路安全研究中心榮譽主任。

2. 一九七七年，數學家羅納德・李維斯特（Ronald Rivest）、阿迪・薩莫爾（Adi Shamir）與倫納德・阿德曼（Leonard Adleman）發明這種演算法，以三人的姓名首字母命名：RSA 加密演算法。

3. 質數，又叫素數，是除了一和自身以外不能被任何自然數整除的數，就是無法被因數分解為兩數乘積的數（1× 自身除外）。例如，一到十之間的質數有：三、五、七。

4. 準確地說，RSA 公開金鑰是由兩個數組成：一個是質數乘積，另一個是按特定條件選取的隨機數。

CHAPTER

5

兵者詭道

當所有密碼都被秒破

只有量子通訊無條件安全

未來

已來

Section *1* 　魔法硬幣

　　喂，年輕人！

　　別看啦！說的就是你！

　　我看你骨骼精奇，是萬中無一的創業奇才，改變世界就靠你啦！

　　我有一對魔法硬幣，我看與你有緣，就十元賣給你吧！別看它長得和普通的一元硬幣差不多，這種硬幣有一項神奇的技能哦！就算相隔萬水千山，只要一枚硬幣翻到正面朝上，成對的另一枚硬幣，一定會瞬間自動翻到反面朝上。你想啊！這種硬幣如果做成情侶版，肯定大賣。尤其是異地戀：你和女朋友人手一枚，你在臺北不斷拋硬幣 A，發出「正正反反」之類的訊號，她在西雅圖的硬幣 B 就會自動變成「反反正正」，編碼成「0011……」，再轉成 ASCII 碼[1] 就是：

I LOVE U

　　這叫理工男的浪漫，你懂不懂，還不用花一分錢通話費和流量。

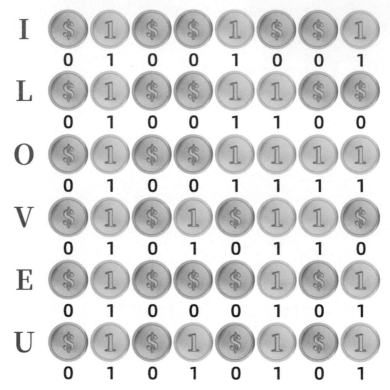

給我四十八元，我就能用硬幣說出「我愛你」

你想，好好包裝後，還能賣給國家航天局、NASA 等高級機構。從月球到地球三十八萬公里，電磁波訊號需要走兩秒多。月球上的太空人別說玩不了「LOL」，打個電話都卡機、死機。火星就更遠啦！一億公里，延遲五分鐘。

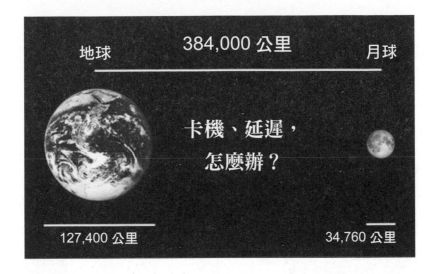

但用無延遲的魔法硬幣做星際通訊，網路遊戲不卡了，電話不等了，做什麼都流暢。什麼？你說魔法硬幣有沒有缺點？嗯……是有個小問題，不過不影響使用。就是每次拋硬幣時，翻到正面還是反面，要看人品。喂，喂！年輕人，別走啊！我看你骨骼精奇……

===== 我是幽默感分割線 =====

故事是玩笑，魔法硬幣可不是玩笑。用量子糾纏態的一對攣生粒子，自旋向上＝硬幣正面，自旋向下＝硬幣反面，就能做出如假包換的「魔法硬幣」。無論相隔多遠的距離，處於「糾纏態」兩個攣生粒子就像有心靈感應般，零延遲，發生同

步反應。

　　如果把孿生粒子放在兩地，在地球觀測粒子 A 發現自旋向上，火星上的粒子 B 會因此而瞬間變成自旋向下。彷彿兩個粒子之間始終有一道穿越時空的紐帶 —— 這就是傳說中的「超距作用」。

地球上的「沒頭腦」被妹子親，火星上的孿生兄弟「不高興」同步感受到，好兄弟啊！

　　因為 A 的粒子自旋態始終和 B 相反，所以地球人只需觀測粒子 A，就能即時改變粒子 B 被火星人觀測到的自旋態。

　　問題在於，就算擁有把愛因斯坦嚇傻的超能力「超距作用」，量子通訊卻無法用來暫態傳資料。

　　因為，每次硬幣（自旋）是正是反，是個純隨機事件。不

要說控制，連影響都做不到。你想發「正正反反」，它來個
「反正反正」——如果不能暢所欲言，對方收到的都是亂碼，
還談何通訊呢？

當火星人讀取出 B 的自旋態時，相當於接收到地球發來
的一個位元。如果把孿生粒子比作一對魔法硬幣，通訊雙方重
複以上步驟，透過「拋量子硬幣」傳送訊號的方式，就稱為量
子通訊。

既然發的是一團亂碼，就算能夠穿越宇宙暫態傳送，也稱
不上是真正的通訊。

愛因斯坦當年杞人憂天的「超光速通訊」問題，就這樣被
「隨機性亂碼」天衣無縫地解決了。

曾有不只一個讀者告訴我：如果我們不用去管硬幣是正是
反，而是透過拋硬幣的時機傳遞資訊，就可以實現超光速通訊
了。

例如，發送方可以每隔一秒或兩秒拋一次硬幣，接收方就
會注意到時間間隔的變化：一秒、兩秒、三秒、兩秒……這不
就是摩斯電碼的短、長、短、長嗎？再轉換成二進位的電腦位
元 0101，資訊不就透過「超距作用」暫態傳過來了嗎？

這個方案很有創意，不得不稱讚，只可惜現實中做不到啊！

微觀粒子在觀測前處於「既死又活」的疊加態，觀測的一
瞬間「坍縮」成現實。問題是，我們永遠看不到從疊加態轉換
成現實的坍縮過程，粒子也不會在坍縮前大吼一聲：「大家注

意，我要變身了！」當你「拋硬幣」導致這邊的糾纏量子態坍縮時，無論我測出它是正是反，都不知道是什麼時候坍縮，就連究竟是誰讓它坍縮都無法確定。所以，這個「坍縮時機」傳不過來。

少年，想鑽宇宙的空隙，沒那麼容易。

想用量子傳點有意義的東西，解決的辦法只有一個：用量子通訊發完「反正反正」後，趕緊再用通訊軟體補個留言「錯對對錯」給對方，告訴他哪些訊號是錯的，讓他更正。

也就是說，對方收到量子資訊雖然是暫態的，但要從一團亂碼中找出真正的意義，還得靠傳統通訊方式。通訊軟體、電話延遲多久，量子通訊就延遲多久。

你是不是在想：這麼麻煩，不如直接傳訊息，還要用量子通訊做什麼？

所以，只有聰明人才能看出，量子通訊真正的威力。

小提示：當你在通訊軟體上發「錯對對錯對錯錯」時，後臺的創辦人能猜到你在說什麼嗎？

注釋

1. ASCII 碼是現代最通用的單字節編碼系統，使用八位二進位數字表示二五六個字元，可包含所有歐洲語言的字母表。例如，大寫字母 A 對應的 ASCII 碼是 01000001。中文有十萬多個漢字，無法用 ASCII 編碼表示。

無條件安全

每次和朋友聊起「無條件安全」的量子通訊，所有人都覺得我在吹牛。大多數人直覺上認為凡事無絕對，你說破解難度很高，可以；說九九・九九％安全，也可以；但打死我都不信，世界上存在無懈可擊的東西。

但他們忘了，絕對安全的加密通訊，早在七十五年前就被發現了。一九四一年，資訊理論的祖師爺克勞德・向農（Claude Shannon）[1]，在數學上嚴格證明：不知道密碼就絕對無法破解的安全系統是存在的。

向農手裡的老鼠可不是玩具，是他發明的
自動走迷宮機器鼠 [2]

而且，更令人驚訝的是，這種絕對安全的密碼出人意料地簡單，只需符合以下三大條件：

絕對安全三大條件

隨機金鑰：生成金鑰是完全隨機的，不可預測、不可重現，破解者更不可能猜出規律，自己生成所有金鑰。

明密等長：金鑰長度至少要和明文（傳輸的內容）相同。如果破解者窮舉所有金鑰，就相當於窮舉所有可能的明文。誰有本事透過窮舉直接猜出明文，為何要費這麼大勁破解金鑰？

一次一密：每傳一條資訊都用不同的金鑰加密，斷了敵人截獲一本密碼本後一勞永逸的妄想。奇怪的是，向農發明「無條件安全」的七十五年後，我們居然未能用上這個黑科技?!

因為在當時的技術條件下，這三個要求實在太瘋狂了，根本不可能同時符合。

先說「隨機金鑰」，要知道，電腦程式（rand）生成的亂數，其實不是真正意義上的隨機。理論上，如果知道已經生成的亂數，就有可能預測接下來將生成的亂數序列。

再看「明密等長」，例如，我要把一本《紅樓夢》加密傳給你，全書約七十三萬字，必須拿長達七十三萬字的金鑰加密。這個金鑰必須讓你知道，否則無法解密；但我要是能輕鬆把這麼長的金鑰安全地傳給你，為什麼不乾脆發明文呢？這不

是多此一舉嗎？

最瘋狂的是「一次一密」，每發一次資訊就要更新金鑰，但通訊雙方不能天天見面換密碼本，否則為何還要加密通訊？

然而，某些不計成本的最高級別通訊場合下，一次一密還真的用上了。例如先編寫一部超級長的密碼本，派特務直接交到對方手裡，然後雙方就可以暫時安全地通訊。

僅是暫時。

密碼本用完後，007 又得出動再送一本新的……

警衛：「什麼名字？找誰？過來登記。」

007：「龐德，詹姆士・龐德。」

警衛：「最近見過什麼人？」

007：「你當我是快遞員嗎？」

就這樣，我們苦苦地研究七十五年的密碼學，對稱加密、非對稱加密（RSA），和駭客們展開無數次道高一尺、魔高一丈的攻防大戰……直到遇見向農七十五年前預言的密碼學終極形態：無條件安全的量子通訊。

七十五年前，沒有人能想到瘋狂的三大要求，簡直就是為量子通訊量身定做。

拿最簡單的量子通訊協議──孿生粒子的量子糾纏來舉例：

首先，伺服器生成一對孿生粒子 A 和 B，分別發送給通訊雙方。透過觀測這對糾纏粒子的自旋狀態（向上／向下），就可以生成一個位元的金鑰，例如「下」。如果有四對糾纏粒子，就可以連續生成四個位元的金鑰：「下上下上。」請注意，A、B 被觀測後的自旋狀態完全隨機，不要說敵方，連自己人都看不出規律。

☑ 隨機金鑰 PASS

其次，要發送的「正正反反」是明文編碼，糾纏粒子對隨機生成的「下上下上」相當於金鑰，被通訊雙方解讀為「反正反正」。通訊軟體發的改錯碼「錯對對錯」是加密後用傳統通訊方式發送的密文。接收方將金鑰「反正反正」和密文「錯對對錯」結合，就得到真實內容：「正正反反」，就是二進位的「1100」。

有沒有發現，明文、金鑰、密文，三者長度完全相同！

☑ 明密等長 PASS

最後，為了發送四個位元的明文「正正反反」，伺服器總共生成四次隨機金鑰「下／上／下／上」。每傳輸一位元明文，都有一位元金鑰保駕護航。

☑ 一次一密 PASS

根據向農證明的「無條件安全」定理，量子通訊被破解的可能性不是萬分之一，也不是億萬分之一，就是結結實實的零。

而且，最令人不可思議的是，量子通訊不僅無法破解，還自帶反竊聽屬性。就算敵人截獲每一次金鑰，同時拿到「正正反反」（明文）、「反正反正」（密文）、「錯對對錯」（改錯碼）三條資訊，量子通訊仍然是安全的。

以下就是見證奇蹟的時刻。

注釋

1. 美國數學家，一九四八年發表論文《通訊的數學原理》，成為資訊理論創始人。
2. 一九五二年，向農在貝爾實驗室的會議上演示走迷宮的機器鼠「忒修斯」。它能通過隨機試錯穿過迷宮，記住成功路線。向農使用迷宮底部的七十五個繼電器（每個繼電器只能記錄 0 或 1）建立老鼠的記憶系統，這種讓電腦自主學習的方法，在後來的人工智慧時代被稱為「機器學習」。

量子通訊為什麼能反竊聽？

因為量子世界三大定律之一：不確定性原理。

如果敵人想要截獲量子金鑰，必須先截獲 A、B 兩個糾纏態粒子，然後測一下自旋態 —— 停，問題就出在這裡。量子態不是先天決定的，而是被你的測量決定的。你測了，它就從魔法般的量子糾纏態，變成平淡無奇的確定態。

還記得前面說的貝爾嗎？他發明的「貝爾不等式」，就是用來檢測糾纏態粒子之間是否存在「超距作用」。

當被敵人測過的 A、B 粒子到達我們的夥伴手中，他們只要做一件事就能看出量子金鑰是否被動過手腳：用阿斯佩實驗驗證貝爾不等式。如果發現貝爾不等式成立，A、B 之間的超距作用已然消失[1]，只能說明一件事：我方測量前，已經有人測過了。

雖然在原理上，透過驗證貝爾不等式已經足以確保通道的安全，然而在實際應用中，做阿斯佩實驗實在太麻煩。所以量子通訊衛星「墨子號」，用的是更簡便的量子金鑰分配協定：BB84 協定。和原版量子糾纏通信（相當於 E91 協定[2]）的最

大區別在於，BB84 不需要一對糾纏粒子來充當「魔法硬幣」，只需利用光子的偏振方向產生隨機化的 0 和 1（量子位元）。

當然，BB84 的安全性同樣依靠量子「不確定性原理」：竊聽者對量子訊號的測量會改變訊號本身，導致接收方收到的訊號中亂碼大增，從而暴露自身的存在[3]。

從軍事上來說，比無法破解的通訊更安全的，是無法竊聽的通訊；比無法竊聽的通訊更安全的，是能發現竊聽者的通訊；比能發現竊聽者的通訊更安全的，是我能發現有人竊聽，而竊聽者卻不知道被我發現的通訊。

「不被竊聽」很重要，「發現竊聽者」很重要，這些都容易理解；可是為什麼「竊聽者不知道被我發現」更重要呢？

因為，如果竊聽者不知道他已經暴露，我軍可以將計就計，故意發一些假消息引君入甕。

把諜戰的主動權抓到自己手中，永遠比被動的單純反竊聽更有效。以二戰的逆轉戰役「諾曼第登陸」來說，其實希特勒早就料到盟軍會把賭注押在諾曼第，但盟軍情報部門用了一年的時間傳送假情報給德軍，發出幾千封加密電報供德軍破譯，硬是搞得元首大人連自己都不相信了。

量子通訊就屬於第三種：「我方可以輕鬆發現竊聽，而竊聽者卻不知道被我發現」的加密通訊，而且是當今所有已知加密手段中，唯一能做到第三層次的技術。

當然，竊聽者知道量子通訊的厲害。正因如此，沒有哪個

間諜敢隨便竊聽量子通訊的資訊，就算竊聽到也沒人信：我怎麼確定竊聽到的情報不會再把元首騙倒？

攻擊量子通訊的唯一方法不是竊聽、破解，只會是干擾。例如用強鐳射照射接收器將其「致盲」，量子通道被干擾成亂碼，把敵我雙方拉回到同一起跑線。畢竟，量子通訊的特長是反竊聽，不是抗干擾呀！

但公平地說，這稱不上是量子通訊的弱點。其他所有傳統通訊方式，在干擾下都會難以為繼。如果敵軍非要不惜一切代價阻斷通訊，任何通訊都可以被阻斷[4]。「無條件不受干擾」的通訊，還沒發明出來呢！

注釋

1. 對於產生量子糾纏的兩個粒子，貝爾不等式不成立，且對任一粒子的觀測會暫態影響另一粒子的狀態（超距作用）。觀測後，兩個粒子的波函數「坍縮」，量子糾纏消失，量子世界退回到經典世界。
2. E91 協定：阿圖爾·埃克特（Artur Ekert）於一九九一年提出的量子金鑰分發協定，基於量子糾纏原理，使用貝爾不等式驗證通道是否被竊聽。
3. BB84 協定的正常誤碼率極限為二五％，被竊聽時誤碼率會上升到五〇％，所以很容易發現竊聽。
4. 理論上，甚至可以阻斷地球上一切頻段的無線通訊。劉慈欣的科幻小說《全頻帶阻塞干擾》中，俄羅斯用飛船撞向太陽的方式引發太陽磁暴，導致地球上所有無線通訊全部中斷（相當於馬可尼之前的時代），強行把兩軍資訊戰拉回到同一起跑線。

　　量子通訊衛星「墨子號」飛上天後，一片歡呼雀躍中，出現了很多抵制的聲音。有陰謀論，有說原理不通，有說浪費納稅人的錢，就是沒能說清量子通訊究竟是怎麼回事。

　　不過這群鍵盤專家中，讓我印象最深的是一位網友的發文，其中歷數量子通訊「五大漏洞」：

《所謂的量子通訊衛星的問題》

　　一、首先，現在根本不存在真的利用量子糾纏原理的量子通訊，都是掛羊頭賣狗肉。實際的資訊沒有被量子加密，被量子加密的是金鑰，所以資訊本身還是可以被傳統方法破解，並非不可破解。用的加密法也不是連愛因斯坦都不懂的量子糾纏，只是用偏振光加密勉強和量子沾上邊。用沒幾個人看得懂的量子通訊這名稱，比較高級、好唬人。

　　二、量子通訊必然用到單光子，訊號非常弱，根本傳達不了。一般通訊是用中繼放大器，但量子通訊的不可克隆性禁止了中繼放大器的存在，所以只好把腦筋放到衛星上。只是衛星

下傳的還是單光子，訊號一樣很弱，很容易被雲層擋掉。通訊變成看天吃飯，天氣晴時可以講得很高興，一下雨就變啞巴。解決辦法就是多打一些單光子，多光子必然有損失，搞不懂自己打出去的光子是被人還是被大自然的東西偷看，所謂「只要有竊聽我就能發現」也沒了。其實鐳射通訊這種高指向性的東西，本來就有很多方法曉得有沒有被竊聽，不需要用到連愛因斯坦都不懂的量子糾纏。

三、空間的量子通訊必然用到鐳射，一定要求精密對準發射接收方，所以會移動的軍艦、戰機根本用不了，偏偏這是最需要保密的使用者。固定的收發人就是最好的破解對象，因為你可以鎖定使用這些通訊設備的人和環境去下手。

四、量子通訊標榜「只要有竊聽我就能發現」，敵人只要拿鐳射照你量子衛星，整個通訊系統馬上癱瘓掉，持續照射就持續癱瘓。其實真正需要「只要有竊聽我就能發現」的是指向性很低的無線電通訊，用光子的量子通訊根本無能為力。

五、目前的加密系統早就遠遠超過實際所需，你什麼時候聽過有銀行是因為傳輸中資訊被竊聽而遭到破解的？

===== *我是鍵盤專家分割線* =====

前四個問題，相信看到這裡的讀者應該都可以自己回答。如果還看不出前四大「漏洞」錯在哪裡，強烈建議你二刷本書。

小提示

一、量子通訊存在兩種通道：量子通道和傳統通道。可能被截獲的資訊，只有透過傳統通道發送的「改錯碼」，而它不是要發送的真實內容。另外，無論是基於量子糾纏的 E91 協定還是和糾纏無關的 BB84 協定，都可以實現加密通訊。

二、「墨子號」是靠單光子通訊，但不是只發一顆光子，而是每秒連續發射一百萬個光子（1MHz）。大氣層確實會吸收大量光子，但只需一個光子成功到達地面基站足矣。還有，光子「被大自然的東西偷看了」，不算量子意義上的「觀測」。

三、不怕你移動快，只要我瞄得準。「墨子號」具備超遠距離「移動瞄靶」能力，對準精度可達普通衛星的十倍，難度相當於「站在五十公里外把一枚硬幣扔進全速行駛的高鐵列車上的一個礦泉水瓶裡」。順便說一句，二○一九年十二月二十四日，濟南量子技術研究院的「可移動量子衛星地面站」已經和「墨子號」成功對接。

四、「無條件不受干擾」的通訊不存在。如果一定要把它當作「漏洞」，只能說，這不是量子通訊的漏洞，這是通訊的漏洞。

不過，至少還說對一點：

五、「目前的加密系統早就超過實際所需，你何時聽過銀行是因為資訊竊聽被破解的？」

講真的，目前的加密系統不是無法破解，只是破解成本太

高。就拿銀行最常用的非對稱加密演算法 RSA 來說，二〇〇九年，為了攻破一枚七八六位元的 RSA 金鑰，一臺超級電腦足足算了幾個月，幾乎是當今電腦性能的極限。

雖然理論上，RSA-768 已不再安全，但由於 RSA 算法的破解難度隨著金鑰長度指數級上升，所以讓 RSA 再次固若金湯非常簡單：把金鑰位數加長到一〇二四位元比特，就會讓破解時間增加一千多倍。其實，現在網上交易最普遍的 RSA 金鑰，至少是二〇四八，甚至四〇九六位元。

然而，在網際網路時代大獲成功的 RSA 加密，真的能讓我們高枕無憂地使用五百年嗎？

未必。

RSA 加密的前提是「加密容易解密難」，RSA 的核心演算法中，用到大數乘積的因數分解：把兩個大質數相乘（A×B = C），比把這個乘積 C 還原出 A 和 B 容易得多。數字 C 的位元數愈多，因式分解的時間愈長。

但有沒有這樣一種可能：隨著算力愈來愈強，解密時間愈來愈短，會不會有朝一日再長的密碼都可以秒破呢？甚至有沒有可能出現，解密的速度比加密還快的尷尬局面？

這就是困擾電腦系的同學五十年的經典問題：P 是否等於 NP？

P 就是「確定型圖靈機」能在多項式時間內解決的問題。現代電腦就是一種「確定型圖靈機」，按一行行代碼、循序執

行程式，一個 CPU 在同一時間只能做一件事。電腦、手機能同時開多個 App，是因為 CPU 在幾個程式之間高速切換，只不過速度太快，看不出它在切換而已[1]。

如果一個問題可以在多項式時間內解決，意味著隨著資料量增加，算出問題所需時間只會直線上升或拋物線式上升，但永遠不會指數級上升[2]——指數，是所有電腦的噩夢：假當機。

剩下無法在多項式時間內解決的「假當機」問題，一律被歸為 NP：「非確定型圖靈機」能在多項式時間內解決的問題。「非確定型圖靈機」是「確定型圖靈機」的反義詞，一個 CPU 能同時處理好幾件事。當然，它只存在於電腦科學家的想像之中，現實中哪有這麼魔幻的電腦？

電腦系同學為什麼要執著於 P = NP 呢？因為拋開複雜的定義不談，P = NP 實際上問的是：如果答案的對錯可以很快驗證，是否也可以很快計算？

例如，「找出大數 53,308,290,611 是哪兩個數的乘積」很難，但問「224,737 是否可以整除 53,308,290,611」連小學生都會算。在密碼學領域，這正好是我們想要的結果：加密（相乘）容易解密（因數分解）難。

如果能證明 P 等於 NP，勢必存在一種演算法，使得對 53,308,290,611 做因數分解和驗證 224,737 是否因數一樣快（加密和解密同樣容易）。反過來，要是能證明 P 不等於 NP，密碼學家就可以徹底高枕無憂：我一秒鐘加的密，你要一萬年才

解得開，不然就去指望不存在的「非確定型圖靈機」吧！

一開始人們覺得 P 顯然不等於 NP，如果 P 真的等於 NP，為什麼這麼多年，都沒人想出這種逆天的解密演算法呢？

結果，五十多年過去，既沒能證明 P 等於 NP，也沒能證明 P 不等於 NP。但萬萬沒想到，有人發現現實版的「非確定型圖靈機」，就是量子電腦。

和非 0 即 1 的傳統電腦不同，量子電腦的「量子位元」可以處於「既是 0 又是 1」的量子態。

還記得薛老師那隻不死不活、又死又活的混沌貓嗎？在量子世界，這種不可思議的「既死又活」，反而是最平常的現象：量子疊加態。

量子疊加，使得量子計算機具有傳統電腦作夢都想不到的超能力：一次運算中，同時對 2N 個輸入數進行計算。

> 如果變數 X = 0，
> 運行 A 邏輯；
> 如果變數 X = 1，
> 則運行 B 邏輯。

這種最普通不過的條件判斷程式，在傳統電腦內部，永遠只會執行 A 或 B 其中一種邏輯分支，除非把 X = 0 和 X = 1 的兩種情況各運行一次（共運行兩次）。

但對於量子電腦，A 和 B 在一次計算中就同時執行了，因為變數 X 是量子疊加態，既等於 0 又等於 1。

這意味著普通電腦要算兩次的程式，量子電腦只需算一次。

如果把量子位元的數量增加到兩個：

如果變數 X = 00，
運行 A；
如果變數 X = 01，
運行 B；
如果變數 X = 10，
運行 C；
如果變數 X = 11，
運行 D。

有了兩個量子位元，普通電腦要算四次的程式，量子電腦只要算一次。

如果把量子位元加到十個，普通計算機要算 $2^{10} = 1024$ 次，或用 1024 個 CPU 同時算的程式，量子計算機只需要用一個 CPU 算一次。

看出問題的嚴重性了嗎？如果把量子位元加到一百個以上，當今地球上所有電腦同時運行一百萬年的工作量，量子電

腦處理完只要幾分鐘。

別糾結 P 等不等於 NP 了……就算證明了 P 不等於 NP，不過是說某些難題（NP 問題）會讓普通電腦「假當機」，我可以把它們交給量子電腦，把普通電腦一萬年解不開的金鑰在一秒鐘內破解[3]。事實上，數學家彼得‧秀爾（Peter Shor）早在一九九四年就找到因數分解的量子演算法[4]，就差一臺夠厲害的量子電腦。

對於曾經需要巨大算力才能破解的 RSA 加密，這是一個災難性的未來。

一九九四年，全球一千六百個工作站同時運算八個月，才破解一百二十九位的 RSA 金鑰。若用同樣的算力，破解二百五十位 RSA 要用八十萬年，一千位則要 10^{25} 年 —— 而對於量子計算機，一千位數的因數分解連一秒鐘都不到。

在量子電腦的最強之矛面前，當今世界最流行的 RSA 加密將無密可保，所有基於 RSA 的金融系統將瞬間變成透明人。

唯一能防住量子電腦的只有最強之盾：量子加密通訊。

和 RSA 等依賴計算複雜度增加破解成本的加密方式不同，量子加密通訊與算力無關。它是「無條件安全」的，對量子電腦的恐怖算力先天免疫。

雖然量子位元的製備極為困難，但誰也不知道量子計算機的爆發，就是傳統加密的末日，將會在何時到來。

這就是為什麼，在許多人一片「看不懂」的聲音中，量子

通訊衛星「墨子號」飛上天了；京滬量子通訊幹線建成了；工商銀行在北京使用量子通訊做同城加密傳輸；阿里雲的資料中心在用量子通訊組網；基礎設施方面暫時落後的歐盟，在二〇一八年投入十億歐元實施「量子旗艦」計畫，要在全歐洲開通量子通訊網路。

另一方面，IBM、Google、英特爾、漢威聯合等美國巨頭，正在爭奪「量子霸權」。二〇一九年九月，Google 研發的量子計算機 Sycamore 已超過五十量子位元，用兩百秒的量子計算，完成當今地球最強超級電腦一萬年的運算結果。

最強之矛與最強之盾的對決，正蓄勢待發。就連馬克‧祖克柏未滿月的女兒，都讓他爸讀《寶寶的量子物理學》。你還覺得這種高深的學問懂不懂沒什麼關係，反正全世界也沒幾個人能懂？

未來，已來。

注釋

1. 另一個原因是現代電腦、手機大都使用多核心 CPU。
2. 直線上升指時間複雜度為 $O(n)$， 物線指 $O(n^2)$，以此類推還有 $O(n^2 + n^2)$、$O(n^{100})$ 等，它們的時間複雜度都是多項式。指數級上升指時間複雜度是某個常數的 n 次方，例如 $O(3^n)$。隨著資料規模增長，指數級複雜度將遠遠超過多項式複雜度。通常，我們寧願要 $O(n^{100})$ 的演算法，也不要 $O(3^n)$。

3. 量子電腦可以在多項式時間內解決某些 NP 問題（例如因數分解），但不代表可以在多項式時間內解決所有 NP 問題。

4. 二〇〇一年，IBM 用七個位元的量子電腦計算十五的因數分解（3×5），在實驗上驗證秀爾演算法的可行性。

致謝

感謝知乎支持本書的出版；感謝我的愛妻，也是本書的第一個讀者，提供許多腦洞大開的創意；更要感謝我的讀者和粉絲，歸根結柢，這本書是為你們而寫的。

如果你在閱讀中產生疑問，如果覺得書中有什麼不足之處，或者有其他任何新鮮出爐的觀感和想法……歡迎留言給作者：https://www.zhihu.com/people/thomas-ender。

這裡肯定能找到和你同樣有趣的小夥伴，你們的批評和建議，將使《一次搞懂量子通訊》不斷進化。

LEARN 系列 059
一次搞懂量子通訊

作　　者 —— 神們自己
主　　編 —— 邱憶伶
責任編輯 —— 陳映儒
行銷企畫 —— 林欣梅
封面設計 —— 兒日
插畫繪製 —— 楊若冰、久久童畫工作室－葉小貓
內頁設計 —— 張靜怡

編輯總監 —— 蘇清霖
董 事 長 —— 趙政岷
出 版 者 —— 時報文化出版企業股份有限公司
　　　　　　108019 臺北市和平西路三段 240 號 3 樓
　　　　　　發行專線 —— (02) 2306-6842
　　　　　　讀者服務專線 —— 0800-231-705・(02) 2304-7103
　　　　　　讀者服務傳真 —— (02) 2304-6858
　　　　　　郵撥 —— 19344724 時報文化出版公司
　　　　　　信箱 —— 10899 臺北華江橋郵局第 99 信箱
時報悅讀網 —— http://www.readingtimes.com.tw
電子郵件信箱 —— newstudy@readingtimes.com.tw
時報出版愛讀者粉絲團 —— https://www.facebook.com/readingtimes.2
法律顧問 —— 理律法律事務所　陳長文律師、李念祖律師
印　　刷 —— 勁達印刷有限公司
初版一刷 —— 2021 年 9 月 17 日
定　　價 —— 新臺幣 380 元
（缺頁或破損的書，請寄回更換）

時報文化出版公司成立於 1975 年，
1999 年股票上櫃公開發行，2008 年脫離中時集團非屬旺中，
以「尊重智慧與創意的文化事業」為信念。

一次搞懂量子通訊／神們自己著 . -- 初版 . -- 臺北
市：時報文化出版企業股份有限公司，2021.09
208 面；14.8×21 公分 . --（LEARN 系列；59）
ISBN 978-957-13-9379-7（平裝）

1. 量子力學　2. 通俗作品

331.3　　　　　　　　　　　　　　110014019

ISBN　978-957-13-9379-7
Printed in Taiwan

$E = mc^2$

$R = \dfrac{U}{I}$

$V = IR$

$U = I \cdot R$

$I = \dfrac{U}{R}$

$E = mc^2$

$R = \dfrac{U}{I}$

$V = IR$

$U = I \times R$

$I = \dfrac{U}{R}$